増補改訂版

カマトトネコの物語

子子子・子子子
（ねこのこ・こねこ）

風詠社

目　次

天使コロナと
カマトトネコ達の物語

プロローグ　エデンの園

　エデンの園に朝がやって来ました。いつものようにおだやかな朝でした。いつものようにしずかな朝でした。地球の上空はるかに位置するエデンの園は、四次元の世界を自由に行き来しているので、地球からはその様子が見えません。でも逆にエデンの園からは、地球の様子をいつでも見渡すことが出来るのです。

　今、その園の中心部分、命を知る木のそばの広場で実体化が始まりました。普段は必要がないので、エデンの住民は生命のスープのように一体化した固まりの中ですごしているのですが、必要な時には個別に実体化して活動するのでした。今、その中で４つの実体化と、別の１つの実体化が始まりました。

「イエス様、お久しぶりでございます！」

「イサク、久しぶりだな。サラも、ハガルも、それに天使コロナも、ご苦労さま。あなた達をここに呼び出したのには、訳があるのだ！」

「訳とは、何でしょうか？」

「そのことだが、実はあなたがた４名を再び地上に派遣することになったのだ！」

「そうだったのですか！　ということは、再び父アブラハムに、会えるということなんですね？」

「そうだな、会えるには会えるが、人間同士でということではない」

「ということは？……」

「アブラハムは生まれ変わって、今日本という国で、日本人として暮らしている。その場所のすぐ近くで、お前達はネコとして生まれ変わることになっている」

「エッ、ネコとしてですか？　それでは父と言葉を交わすことが、出来ないではありませんか？」

「そういうことだな！　だが、アブラハムにせよ、生まれ変わっているので、前世の記憶はない。お前達もネコに生まれ変わっているので、アブラハムとはいっさい言葉を交わすことは出来ない」

「では、どうやって親子の情を通じ合えるのでしょうか？」

「ありのままに振る舞えば良いのだ。お前達をアブラハムのそばに派遣するので、あとはお前達個々人の力でアブラハムと出会い、よしみを通じ合い、親子・夫婦の情を育むが良い。時が来れば、お前達をエデンに呼び戻す。お前達と出会うことによって、アブラハムは自分がアブラハムであることを自覚し、自分の使命が何であるかを覚ることであろう。お前達の役割は、アブラハムに自らの役割を自覚させることなのだ。皆が力を合わせ協力して、必ず成しとげてもらいたい。どうだ、やってくれるな？」

「やります！　やらせて下さい‼　それで、いつ出発しますか？」

「今が月曜日の朝だから、サラは今すぐ出発するが良い。天使コロナは明日火曜日、イサクとハガルは水曜日に出発せよ！　それぞれ寿命が違うので、この場に戻って来るのは別々だが、来週の水曜日中には、最後にイサクが戻って来る。その時にこの場所で一同が再会することにしよう！」

「ということは、私が地上に居るのは、わずか１週間なのですか？」

「エデンでは１週間だが、地上では７年間ということになるのだ！」

「わかりました！」

「あの……」

「何だ、天使コロナ？」

「私はアブラハム様の近親者ではありません。なのに地上へ派遣されるのはなぜですか？」

「よくぞ尋ねてくれた。それこそが、今回の重要ミッションなのだ！　地上では、これからたいへんな出来事が起こる、一大事だ！　サタンのしわざによって多くの人々が犠牲になる。それらの人々をいつくしみ、いたわり、このエデンの園に迎え入れなければならない。その中心的役割をあなたが担うのだ！その準備の為に天使コロナ、あなたを地上に派遣するのだ！くわしい任務は戻って来てから説明する。派遣の時間も短く、苦労をかけるが、重要な使命であると解ってくれ！」

「わかりました、必ずご期待に応えます‼」

「それでは元気に出発してくれ、頼んだぞ」

「解りました！　ハレルヤ！」

『ハレルヤ‼』

　さあ、壮大な物語が今始まりました！

※デイ・イヤー・プリンシプル

　聖書を解釈する場合、特に黙示録に書かれている日数を、年数に置き換えるとうまく理解出来る場合が多い。すなわち、黙示録に書かれている日数を年数であると考えると良く理解出来るのだ。これは、天上と地上とでは時の進み方が違うからだとも解釈出来る。すなわち天上の時間は地上の360分の1、地上の時間は天上の360倍であるらしい。地上の1年は天上の1日、半月・15日・360時間は1時間、360分・6時間は1分という具合である。ここでは、この理論を適用した。day-year principle

1. カマトトネコって？

♪私はネコの子
巷の子
街に灯りが灯る頃
いつもの場所で
遊びます♪
（『私は街の子』の替歌）

♪ニャーニャーニャニャニャニャニャー
朝からみんなで運動会
楽しいなうれしいな
子ネコにゃ学校も仕事も何もない
ニャーニャーニャニャニャニャニャー
みんなで遊ぼうニャニャニャニャニャー
みんなで遊ぼうニャニャニャニャニャー
（『ゲゲゲの鬼太郎』の替歌）

2. 稲荷族との関わり

「ママ、どうしたの、そんなに苦しんで？　あ〜、死んじゃった！　ママが死んじゃった！　私とお姉ちゃんを残して、死んじゃった！　私達どうすればいいの？　これからどうやって生きていけばいいの？　お姉ちゃんどうしよう？　これからどうしよう？　……でも、何とかなるでしょう。何とかしていかなくっちゃね。エサをいつもくれるあの大きな太っちょのブルーのメスおばさんにたよって、何とか生きていきましょう！　何とかなるわよネ、ネエーお姉ちゃん！」

「あのブルーのオスおじさん、ママの死体を袋に入れて持って行ったわネ！　死体が荒らされないようにしてくれたみたいだわネ。良いオスらしいわネ！　覚えておこ〜っと！」

「やっぱり夜は寒いわネ〜、お姉ちゃん！　でもお姉ちゃんとこうして抱き合っていると、あったかいわネ！　アッ、誰か来た！　大丈夫､あのやさしいブルーおじさんだわ。コンバンワ！私達のこと心配してくれたのかしら？　良いオスね、ホレちゃいそう！　あったかくなったら、ゆっくり会いましょうネ！」

「何だか体がムズムズするわネ、ひょっとしたら私発情したのかしら？　めぼしいオスを捜しておかなくっちゃいけないわネ！　そうだ、あのやさしいブルーおじさんがいるじゃない！あのおじさん、いつもこのなわばりを見回っているみたいネ。今度その後をついて行ってみましょうかしら。何とかなるでしょう。楽しみだわネ！」

「おじさんこんにちは、ちょっといいですか？　仲良くしましょうね、ニャー♡」

♪ようこそここへニャンニャニャンニャン
　　　　　　　　茶色の可愛いネコ
　　　　　　巡回をする僕に迫ります
　春風吹いてニャンニャニャンニャン
　　　　　　　　気持ちが届けられ
　天国に誘われる気持ちです
　どうぞ行かないで　このままずっと
　私のこの膝に登って来ておくれ
　ニャンニャニャンニャー
　　ニャンニャニャンニャー　茶色のネコ♪
（『わたしの青い鳥』の替歌）

3. グッパの契り

「あっ、あのオスが来たわ！　彼等の群は人間と言うらしいわネ。その中のやさしいブルー族のおじさんね！　これからは、私のダーリンって呼ぼうかしら。ダーリン、今日も会えたわネ〜！　私はあなたについて行きます。ほら、敵意がない証拠におなかを見せてあげる。ほらね、さわってみて。あら、気持ちいいわネ！　前足がもだえるわ。体もほてって来た。これが恋と言うものかしら？　ダーリンはニオイもいいわネ！　人間って大抵変なニオイがするもの。特にメスはくさいわネ！

あんな変なニオイでオスが寄って来るのかしらネ？　その点ダーリンのニオイはいいわね、自然で。オスのニオイはこうでなくっちゃ。足のニオイが特にステキね、後をつけたくなっちゃうわ！　オヤッ、今日はいやに積極的だわネ、ダーリン！　ステキよ、もっともっと」

写真1. ニャーニャ

♪階段で若い２匹が　行為をする物語
オッパイを指でなぞれば
グッパをするしぐさ
行為は２階の踊り場まで続く
やる気あふれて　３度しよう
心・体好きだよ　ニャーニャ
抱きしめたい
だけどもお前は　連れもいなくて♪

（『チャコの海岸物語』の替歌）

♪君は可愛い　僕の野良猫
　　　　茶色の縞が良く似合うよ
　だけど時々爪を出して
　　　　僕のズボンを駄目にする
　野良猫のニャーニャニャーニャニャーニャ
　　　　僕の恋猫はカマトト猫
　野良猫のニャーニャニャーニャニャーニャ
　猫のニャーニャはインランよ
　ニャニャニャニャニャニャニャーニャ
　　　　　　　　　　　　　　ニャーオ♪
（『黒ネコのタンゴ』の替歌）

4. 結構毛だらけ、ネコ抜け毛だらけ

（イメージマンガその①）
ギターを抱えて演奏する要領で、階段の段差の二段目に座って両手の全ての指を駆使してニャーニャを愛撫する僕、表情は結構真剣です。何せ人間のオスのプライドが懸かっております。ニャーニャは右前足を目一杯斜め上に伸ばしてグッパを繰り返す。そのパーをした瞬間を捉えたスマッシュカットでお願いします。ニャーニャは、僕の膝に左側を頭にして横たわっています。従って、絵では右側を頭にしている、正面からの絵にして下さい。僕の服装は、警帽をかぶったガキデカをイメージして描いて下さい。

「体が痒いわネェ〜、ダーリンお願い、かいてちょうだい！　アーいいわ、いいわ！　もっともっと！　足がうまく届かない

のよ！　そうそうその調子、ずっとこうしていましょうよ！あなたと私の時は永遠に続くのよ～ニャー！」

♪可愛いニャーニャ、ニャンニャン
　可愛いニャーニャ、ニャンニャン
　可愛いニャーニャ　と呼ぶのは
　　愛している　からかしら
　pretty little baby
　　　　　　　可愛いニャーニャ
　行為をするって　素敵じゃない
　春のこの日を　２匹で過ごしましょ
　　　　　　　いついつまでも
　今すぐ会って　そして鳴いて
　　　　　　　忘れられぬあのうなり
　pretty little baby
　　　　　　　可愛いニャーニャ
（『可愛いベイビー』の替歌）

5. エデンの園

子ネコを褒めそやす詩

我等ネコ好き　　子ネコをあやす
子ネコを子安に　　情熱を燃やす
情熱持って　　子ネコを肥やす
子ネコ肥やすと　　子孫を増やす
子孫増やせば　　他人がはやす
他人はやして　　悪意を増やす
ネコを絶やすと　　言われぬように

はやす他人を　　　冷やす為にも
少子少産　　　　　一つの目安
そうすりゃ子ネコが　　我等を癒す

6. ミセスK参上！

（イメージマンガその②）

ニャーニャと僕の親密度を象徴するシーンです。愛し合った後１階の扉を開けて通行人を観察するニャーニャと僕、それをミセスＫに見つかってしまう場面です。階段を降りた正面にある鉄扉を開けて、通り抜け出来る通路に出るのですが、当然猫には開けられません。左奥に向って開く扉を通路側に20cm位開けてニャーニャに覗かせてあげます。ニャーニャは好奇心一杯に覗き込みます。熱心に覗き込むので時間が経って、手持ちぶさたなので、僕も隙間の上から仲良く覗き込みます。それを掃除途中に通り掛かったミセスＫが見て、ビックリしている場面をお願いします。扉の地色はダークブラウンだったと思います。通路側からのアングルなので、右手前に開いている扉の左隙間の上下に顔を並べる僕とニャーニャ、それを見てビックリしているミセスＫを右側に配置する形でお願いします。ミセスＫの服装は半袖ブラウスにスカート、色はスカイブルーだったと思います。

「ファ～、お早ようダーリン！　今日も又、愛し合いましょうネ！　階段で待ってるワ、後でネ♡」
「この扉の向うは大きな通りよネ。ダーリン、開けてちょうだい、……アリガトニャン！　おもしろいわネ！　人間が通ってる。そんなにいそいで、どこへ行くのかしら？　人間て不思議ネ、私たちとはまったく動きが違うわよネ！　何がおもしろいのかしら？　あ〜、エサをくれるブルーのおばさんだ！　見つかっちゃった？　私、ダーリンを愛してます！　これからもよろしく、ニャンニャン！」

7. 迫り来るオスの影

「アー、むらむらするわ！　やっぱり交尾しないと、このむらむらは解消しないのネ！　ダーリンは交尾してくれないから、あの階段に居るオスのフテオにモーションをかけようかしら？　ネコはメスがオスを誘うのがふつうなんだから、このやり方に従うしかないわネ！　こらフテオ、私と交尾するかい？　だったら、かけっこしましょうか？　すいすい〜と！　あれっ、あれはダーリンじゃない？　チョット、まずかったかな？　まっ、仕方ないわニャ！　ネコは細かいことは気にしないのよ！　それニャッ、こらフテオ、待て！」

♪いつも　いつも　思ってた
　ニャーニャの体を
　　僕の保安室の中へ　連れ込みたくて
　そして　僕のベッドに
　　猫の好きな　マタタビを　散りばめて
　僕は君を　死ぬほど　抱きしめていようと
　なのになのに　どうして
　　　　　　他のネコのところへ
　僕のテクニックの方が　素敵なのに
　鳴きながら　君の後を　追いかけて
　　　　　　桜吹雪　舞う道を

　転げながら　転げながら　走り続けたのさ♪

（『サルビアの花』の替歌）

♪さようなら　さようなら　今日限り
　ニャーニャ　フテオのものになる
　　　　　　　俺らの心を知りながら
　スケコマシ・フテオに　せかされて
　ニャーニャは　フテオの後を追う♪

（『愛ちゃんはお嫁に』の替歌）

♪愛しちゃったのよ　ニャニャニャンニャン
　愛しちゃったのよ
　ニャーニャだけを　死ぬ程に
　愛しちゃったのよ　ニャニャニャンニャン
　愛しちゃったのよ
　寝ても覚めても　ただニャーニャだけを

（『愛して愛して愛しちゃったのよ』の替歌）

8. 出産

「もうすぐ生まれそうね！　なんでこんなにシンドイ目に会わなきゃならないの？　本能だから仕方ないけど、フテオと交尾したって痛いだけで、ちっとも良くなかったワ！　ダーリンと抱き合っている方が、よっぽどキモチ良かったニャン！　でも、ダーリンは別の種族だから、私を妊娠させる能力はないみたいネ！　子孫を残すのがメスの役割だからしょうがないわニャ！　そろそろニャー！　さあ行くわよっ！　ポコッ！　生んだわよ！　ダーリンも見てたでニャー！　この子たちを、これから育てるんだから、助けてチョーダイニャ！　よろしくっ！」

♪思う人とは結ばれず
　思わぬネコの　言うまま気まま
　悲しさこらえ　泣き声あげて
　するもいじらし　初めての行為

（『この世の花』の替歌）

9. 箱入りニャニャヒメ

近畿地方のネコ守り唄

♪ねんネコ　しゃがりませ
　寝たネコ　可愛さ
　起きて鳴くネコ　ニャンニャニャニャン
　　　　　　　　　つら憎さ
　ニャンニャニャニャン
　ニャンニャニャニャーニャー♪

（『中国地方の子守唄』の替歌）

10. 子ネコ越冬大作戦

「ね〜、パパ、パパ。一緒に遊びましょうよ！　こんなにあったかいんだから、遊ばなきゃソンよう〜！　ホラ、私のオナカ見せてあげるから、ネエネエ〜！」
「クシュン、カゼひいてるのよ、パパ！　ちょっと、パパの体の上で休ませて、ネッ！　パパ、何か言ってるワネ？　何か行ってるワネ〜ッ、ヘックション！　ズルズル〜！　アッはな水出たワネ〜！　ゴメンネ、だってだって、私はカゼ引いて、いるんだモン！」

♪パパと　体寄せ合って
　　　　　一緒にすごす　冬の夜
　ちっちゃな部屋の　中だけど
　　幸せ一杯　おなかも一杯
　だって　だってパパと　一緒に居るんだもん♪
（『恋しているんだもん』の替歌）

写真 2. 湯たんぽに触るニャニャヒメ

写真 3. 保安室内のニャニャヒメ

11. 子ネコのフン返し

「何なのこの場所、いやにあったかくて、気持ちいいじゃない！」

「パパのナワバリらしいのよ！　今日はパパといっしょに過ごしましょうヨ！」

「そうなの？　じゃまず、ナワバリの点検をしておきましょうか？　この場所は目立たなくていい場所ネエ！　じゃ、ちょっと失礼して、ウンコロリン、ウンコロリンっと！」

「おネエちゃん、ダメヨ、そんな場所じゃあ！　すぐに見つかっちゃうじゃないの！」
「アッ、そっか！　でも、もうしちゃったから、仕方ないじゃないのよ！　まっ、何とかなるでしょっ！」
「しょうがない姉ちゃんネー！　でもパパなら許してくれるでしょう、何とかなるわよネ！」
「そうだよネー！　じゃ～、引き続き楽しみましょうヨッ！」
「そうよネ！」

写真 4. 保安室内の２匹

12. 運命の転換点

（イメージマンガ　その③）

ニャーニャと僕のラブシーンのハイライトは、抱き合って12月を店の廊下で迎える恋人達憧れのシーンです。♡

胡坐をかいて床に座る僕の膝上にニャーニャが香箱座りをして、その腰に僕が手を回して抱き合っているシーンです。

実際の現場の廊下は、何の飾りもないノッペラボウですが、置かれている状況を象徴する為に壁掛け時計を描いて下さい。デジタルの12時00分でも良いですが、アナログで長針と短針が重なり、日付が変わる午前０時を示して２匹のムードを盛り上げたいです。

２匹の瞳をハートマークにしてクライマックスでいながら、その絶頂が過ぎてその後、別れの時が迫って来ている予感を暗示出来れば最高なのですが……。

「ダーリン、今日も又ここで会えたわニャー！　逢い引きしましょうか？　今日は扉の中に入れてくれるのネ！　あったかいワニャー！　ウンッ？　私を抱きしめてくれるのネ！　これがブルー族の愛しかたなのニャー！　気持ちいいわニャー！　幸せよダーリン！　ダ～リンニャー！」

♪ああ　だから　今夜だけは
　　　　　　　ニャーニャを抱いていたい
　ああ　来月の今頃は　僕は別の現場
　旅立つ僕の心を　知っているのか
　遠く離れていても　２匹の愛は続く
　もしも許されるなら　油断してる君を
　かん袋に詰め込んで　このまま連れ去りたい
　ああ　だから　今夜だけは
　　　　　　　ニャーニャーを抱いていたい
　ああ　来月の今頃は　僕は別の現場♪

（『心の旅』の替歌）

13. ダブル出産

（イメージマンガ　その④）

ゴシックホラー調のニャーニャの影に追いかけられたエピソード。

巡回中に階段側の通路（キャットウォーク）を歩いていると、後ろからニャーニャが哭きながら追い掛けて来ました。壁際のライトの前を通ったのでそのシルエットが壁に大きく投影されました。ゴシックホラー調の影に追いかけられてビックリしている僕でありました。

壁をカンバスにして、右下にライト、その前にニャーニャ、左端にビックリマークの僕、中央に大きくホラー怪獣ニャニャゴンを描いて下さい。場合によっては、ニャニャゴンを、独自に変身する猫化けに描いても OK です。

「あっ、ダーリンだ！　ダーリン私よ、待ってちょうだいニャー！　逢いびきしましょう！　変ね、今日は急いで行ってしまうのネ！　戻って来てくれるわよネ！　うわきは許さないわよ！」

♪可愛いコネコに　カメラを向けて
　一緒に見ている　青い空
　コネコは何にも言わないけれど
　コネコの気持ちは　良くわかる
　コネコ可愛いや　可愛いやコネコ♪

（『りんごの歌』の替歌）

「ソッソッソ〜、フテオ何か用なの？　アレッ、まずいわ、ダーリンよっ！　これはまずいわネ！　私はヤバイからトンヅラ、ネコヅラするわ！　後はよろしくネ、ニャニャニャニャニャーっと！」

写真 5. ニャニャミとニャニャエモン
（ニャーニャの２度目の子）

14. エデンの一番長い日

「気持ちいいわネ、お姉ちゃん、のんびりしましょうよ。エ～、ママどうしたの？　おこってるの？　ビックリしたな～！　これ位いいじゃないの、何でそんなにおこってるの？」

「アラッ、みんなどこへ行ってしまったのかしら？　アッ、パパッ、みんなどこへ行っちゃったの？　連れて行ってくれるのネ。エッ、そっちじゃないでしょう？　そうなのかしら？　エッやっぱりそうなの？　アレッ、なんでみんなそこに居るの？　私だけつまはじきにされたわけ？　お姉ちゃん、何で一匹でママにわびてんの？　私にことわりなしに。くやしい！　くやしいわ、パパ～！　パパは知ってたんでしょ？　くやしいわ！」

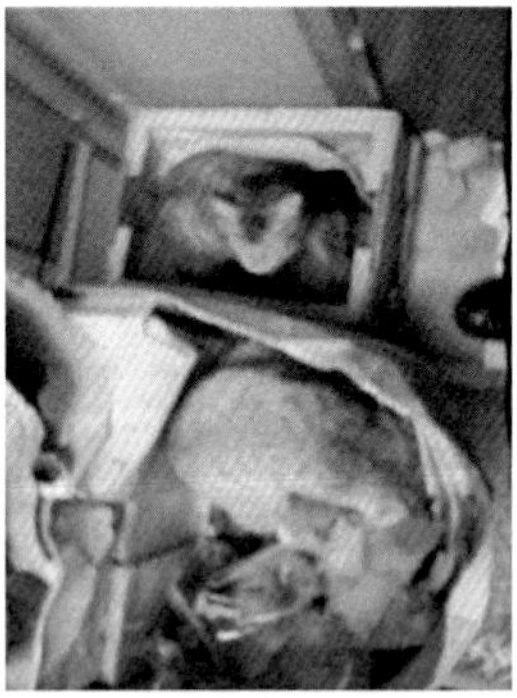

写真 6.
ベランダのダンボールの中で

写真 7. ニャーニャとニャニャコ

15. 運命の子・ニャニャミ

「あっ、このニオイ、このあったかさはパパだっ！　パパが来てくれたっ！　パパ、目がいたいよ～！　ムシにかまれてキモチ悪いよ～！　あっ、僕を抱きかかえて、どこかへ連れてってくれるんだね？　助けてくれるんだねっ！　ありがとうパパっ！　さすがは僕のパパだっ！　おねがいします‼」

写真 8. 膝の上のニャニャミ

写真 9. うずくまるニャニャミ

運命の子　ニャニャミと　出会えたから
　6月9日は　ニャニャミ記念日
（『サラダ記念日』の替え和歌）

16. 弁天小僧ニャニャミです

ニャニャミ　ニャニャミ　ニャーニャの子
ニャニャミ　ニャニャミ　グッパする
ニャニャミ　ニャニャミ　眼を患った
ニャニャミ　ニャニャミ　身柄を預かる
ニャニャミ　ニャニャミ　獣医に診せる
ニャニャミ　ニャニャミ　入院をする
ニャニャミ　ニャニャミ　元気になった
ニャニャミ　ニャニャミ　家に連れてく
ニャニャミ　ニャニャミ　一緒に暮らす
ニャニャミ　ニャニャミ　元気に遊ぶ

ニャニャミ　ニャニャミ　息子になった
ニャニャミ　ニャニャミ　神が与えた　天使の子

私はニャニャミ　子ネコのニャニャミ
気分がいいと　のどをグルグル
気分が悪いと　息をフー

パパの膝で　お昼寝グルグル
左眼が痛い　フー

パパに撫でられて　グッパ　グルグル
目薬をさされて　フー

おなかがすいた　カンヅメ　グルグル
お医者さんに連れて行かれる　フー

首輪を嵌められて　フー
鈴が鳴るので　グルグル

鈴が入ったボールで　遊ぶ　グルグル
得意のジャンプシュート　グルグル

体を舐めて　お化粧　グルグル
ついでに　パパの指も　舐めてあげて　グルグル

私はニャニャミ　私はニャニャミ
今日もおうちで　一日　グルグル

♪北新地生まれの快ニャン児
　　　その名は　カマトトニャニャミ
　たった３月で片目取り
　その名を梅田に轟かす
　ニャニャミー　カマトトニャニャミ
　梅田の風雲児♪

（『デイビー・クロケット歌』の替歌）

♪なんで　そんなに　可愛いのかよ
　ニャニャミと　言う名の　宝物
　パパさん　ここが　しっくりすると
　ママに言われりゃ　その気になって
　垂れる目尻が　垂れるヨダレに
　オヤジ顔♪

（『孫』の替歌）

♪ボタンのように　可愛い子
　シッポ出すぜと　中崎町
　メスだと付けた　名前だが
　オスだとバレりゃ　仕方がねえ
　知らざぁ　言って聞かせやしょう
　おっと俺らぁ　弁天小僧　ニャニャミです

　以前を言やぁ　北新地
　野良ネコニャーニャの　お稚児さん
　患う左眼　だんだんに
　とうとう目の玉　えぐり取り
　噂に高い　カマトトの

おっと俺らぁ　４匹兄弟切れ端さ

ニャンニャ　ニャンニャ　ニャニャミ
ニャンニャ　ニャンニャ　ニャニャミ♪

（『弁天小僧』の替歌）

写真 10. 眼が腫れ上がったニャニャミ

写真 11.
ダンボールの中のニャニャミ

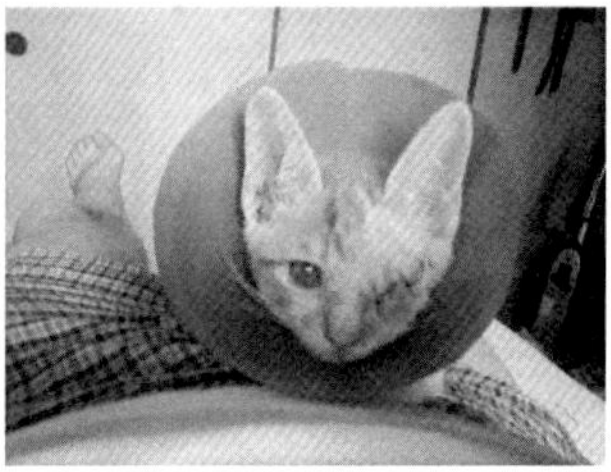

写真 12. エリザベスを付けたニャニャミ

17. ニャニャミ王子の大冒険

我はヒーロー　ニャニャミ王子　暁のプリンス

本名は　タマキン・キャットウォーカー
又の名を足長王子

ニャンコの国の　ニャーニャ女王に

　　　　　　　派遣された　片眼の勇士

ネコの正義を　守る為
　　　　　　　悪に向かって　戦うぞ

挑む相手は　悪の帝王　パパサウルス

武器は　軍手の　サタンの右手と　サタンの左手
　　　　　　　2つ合わせて　サタンの掌

こちらは素手で　戦うぞ

まずは果敢に　〝ネコタックル〟
続けて　〝後こね回し〟
お次は華麗な　〝メガトンネコダイブ〟
止めは鋭い　〝ネコの爪〟
パパサウルスは　傷だらけ

今日は勝ったが　明日の為に
　体を鍛えて　朝練だ

パパサウルスの帝国を倒し
　ネコ王国を築く為　更に精進励む我

我はヒーロー　正義の　ニャニャミ王子

♪片目のニャニャミは　行くよ
　　　　　　　　　　西日に照らされて

廊下を横切り　我が家のもとへ♪

（『片目のジャック』の替歌）

（イメージマンガ　その⑤）

ニャニャンガー襲撃事件です。ベッドに仰向けにスヤスヤ寝ていた僕を、突然の出来事が襲い掛かります。天井を背景に、四本足と尻尾を目一杯に逆立てたニャニャンガーの襲来に、驚きと恐怖の入り交じった表情を浮かべて見詰める僕でありました！　頭と尻尾、右前足と左後足、左前足と右後足が直線上に対称的に配置されるニャニャンガー、アクセントにタマタマを強調して配置するのが面白いと思います。僕は寝込みを襲われて、ただただビックリしております。ビックリマークを大げさに付けて下さい！

（イメージマンガ　その⑥）

タマブクロ、さわったろー事件です。風呂上がりに鏡台の前に座り、髪をセットしていると、後からニャニャミの右前足が延びてきて、タマブクロに触れられました。男の一番の急所なので、思わず縮み上がりました。毒の在る爪で傷を付けられると、後で膨れ上がる危険性もあります。恐怖に縮み上がっている僕に対して、僕が同じオスであることが確認できて安心したニャニャミの右眼はハートマークになっております。ただし、左眼は無いので、バッテンにして下さい。右手にヘアブラシを持ってビックリしている僕と、右前足で僕に触れて満足げなニャニャミを対照的に表現して下さい。後姿の二匹と、鏡に写った正面の二匹を一枚の絵の中に表現した、究極のマンガ表現をお願いします。髪をセット中でいつもは少なくなった髪をいとおしくセットしているのですが、突然のことでビックリし

て逆立って目立っている我が髪の頑張りをたたえてあげて下さいませ m(_ _)m

18. ヒメの行幸

「あっ、パパー、グスン！　苦しいの、ヘックションッ！　助けてくれるの？　助けてちょうだい、ヘックション！　あれっ、どこへ連れていってくれるのっ！　私、捨てられるんじゃないでしょうねっ！　どこ、ここ？　何かされるのッ？　フーッ、少し楽になったわネ！　ありがとう、パパッ！　どこ、ここっ？　パパのなわばりなの？　あっ、あんた、この前いなくなった弟じゃないのっ！　心配してたのよっ！　みちがえるほど、元気になったじゃないっ！　パパが助けてくれたのね、よかったよかった！　私も元気になるわ！　助け合いましょうねっ！　何よ、はしゃぎすぎでしょっ！　しょうがないやんちゃネコねッ！　私、このなわばりになれてないから、教えてちょうだいねっ！　パパと一緒に暮らしましょうネッ！」

19. ニャニャミの脱走

「パパは出かけちゃったね、さみしいニャー、退屈だニャー！　このベッドでおとなしく寝てるのもあきちゃったニャー！　そうだ、あのすきまに飛び上がっちゃおー！　ママと一緒にすごした穴ぐらに戻れるかもしれないニャー！　ピョーンッと、何とかうまくいったニャー！　外の景色が見えるネ、おもしろいニャー！　あそこへ行っちゃおうー、ピョーン！　これは、いつものナワバリの前の道だから、こっちへズーット行ってみようかニャー！　下へおりれるようになってるニャー、スイスイーッと！　あれっ、だいぶ下に来ちゃったニャー、チョットまずかったかニャー？　敵が来たらどうしよう？　アッ、あそこに穴ぼこがあるニャー！　フーッ、とりあえずここにいたら、そのうちにパパが迎えに来てくれるでしょ～ッと！　ヒルネでもして待ってよかニャー！　ママの時はそうだったもの。もうだいぶたったけど、パパはなかなか来てくれないニャー！　アッ、あの足音はパパだっ、パパ～、ここだよ、ここにいるよ、お帰りなさい、おそかったニャー！　今日は遠くまで出かけてオモシロかったんだよー！　また、やりたいニャー、パパ、迎えに来てくれるよニャーッ！」

「今日もパパ、行っちゃったニャー！　じゃ～僕も出かけるとしましょうか？　ピョーン、スイスイ～ッと！　おやっ、雨が降って来たね。僕らは水がきらいなんだニャー！　あっ、あそこに大きな物がたくさん並んでるネ。これ何かな。下に輪がついてるし、中の部屋に出入りできるみたいだし、人間がかくれんぼして遊ぶ場所なのかニャー！　まっ、どうでもいいや、この下は隠れ場所にちょうどいいし、ここでひと休みして、パパが迎えに来るまで待ってようかニャー！　あれっ、あの皿にあるのは食べ物らしいニャ、パパが置いてくれたのかニャッ？　ちょっと食べてみようかニャ、パクッ！　オッ、これはおいしいニャ、パパがくれるのよりオイシイニャ～！　パパが迎えに来てくれなくても、しばらくこうしていようかニャー！　……そろそろあきてきちゃった、パパまだかニャー！　あっ、パパが見えた、パパッ、ここだよニャー！　パパッ、今度は遅かったネコッ、さあ戻りましょうか？　……さあ、ナワバリに帰って来たね。あっ、おネエちゃんだ、コンニチワ！　また遊びに来たの？　遊び相手が居なくて、さみしかったんニャヨッ！　また一緒に、ナワバリの外まで出かけましょうかニャーッ！

パパッ、おネエちゃんを連れて来てくれて、ありがとニャン！」
「あっ、パパだわ、パパッ。パパが来てくれたわっ！　私を迎えに来てくれたのね、そう、いいわよ、これからパパと一緒に暮らしましょっ！　……久しぶりね、パパのなわばり、あれ？　弟がいないわね、どこかでかくれんぼしてるのかしら、あの子はかくれんぼが好きだからネ。そのうちに出てくるでしょっ。パパッ、私大きくなったでしょ、子供も生んだのよ、死んじゃったけど。パパとまた会えてうれしいワ、久しぶりにお腹見せてあげるワニャッ！　……あらっ、パパ出かけるの？　パパはいつもそうネ、いってらっしゃい！　……パパ。お帰りなさい！　あっ、弟も一緒ね、迎えに行って来たのニャッ！　お久しぶりニャーッ！　また一緒に遊べるわニャー！」

写真 13. ニャニャヒメ

♪ニャニャミ　私のもとから
突然消えたり　しないでネ
二度とは会えない場所へ
一匹で行かないと　誓って
私は　私は　探し人になる
廊下を　駆ける子ネコ
行為は　危ないかけ
愛も　希望も　正座も振りはらい
抱き止めて♪

（『時をかける少女』の替歌）

♪さあ　胸を張れ
　　　　このチャンスを生かし
　恐れずに　旅立とう　はるかかなたへ♪
（『大脱走のマーチ』の替歌）

20. 天使の昇天

「なんだかヘンだなあ、パパはヒメネーチャンと部屋に閉じこもって。パパッ、ヒメネーチャンを一匹占めするなんて、ずるいよ！　フスマを開けて入って、ネーチャンと遊ぼうとしたのに、止められるなんて、ズルいよっ、プンプンッ！」

「ニャニャミちゃん、いっしょに遊べなくてゴメンネ。ワタシ、体の具合が悪いのよっ！　おなかがふくれて痛いのよ！　パパがなでてくださると気持ちいいんだけど、だんだん体も弱って来てるし。でも、ガンバルわ！　ゴメンナサイね！」

「アラッ、ここは私達のナワバリじゃないの！　パパ、連れて来てくれて、ありがとう。心残りだったのよ。あっ、いつもエサをくれるやさしい太っちょオバサン、ずいぶんお世話になりました。ちょっと、ナワバリの中を散歩するわネ。ナツカシイわ！　あっ、オネーチャン、また子ネコを生んだの？　いいわネエー！　私の子はすぐに死んじゃったもの。いいの？　子ネコを貸してくれるの？　そう、このジカンだけは私の子ネコ、親子水入らず！　この子達にはオネーチャンと私の区別がつかないのよネー！　カワイイわネー！　……いつまでもこうしていたいけど、そうも行かないわネ、体の具合も良くないし。……そう、この場所よ！　この場所でママに生んでもらい、この場所で我が子を死産した想い出の場所、サヨナラわが故郷、サヨナラおネーちゃん、サヨナラ太っちょオバサン、元気でいてね。私は元気になれそうもないけど、残りの日々をパパと、弟と一緒に暮らします。さあパパ、行きましょう！　帰りましょう、我が家へ！」

「ギャー！　パパ苦しいわ！　おなかが痛いの！　もうダメみたい、私死ぬのネ！　サヨナラ、パパ、ありがとう、元気でネ！　……あれっ、何だか変な気分ネ、痛みがなくなったワ！　あれっ、あそこに居るのはパパと私じゃないの！　そっか、私死んじゃったのね！　自分の体の外から私達を見てるのネッ！　……そうか、段々思い出して来たわ。私はフツーのネコじゃなくて天使コロナだったんだ！　ネコになってパパの元で一度死ぬ経験をして来いと、イエス様に派遣されたんだったワ！　私の役目は、疫病に冒されて死んで行った人達・ネコ達をエデンの園に迎え入れる事、その為に一度死ぬ経験をすることだった

写真 14.
おなかの膨れたニャニャヒメ

写真 15.
子ネコをあやすニャニャヒメ

写真 16.
ニャニャヒメのなきがら

写真 17.
ニャニャヒメのそばのニャニャミ

んだワ！　だから、生みの苦しみは経験出来ても、子孫を残す事は許されなかったのよネッ！　さあ、元の私に戻ったので、これからエデンの園に戻りましょう！　パパッ、それに地上の皆さん、お世話になりました。このお返しは必ずしますから！私には果たす役割があるのです。また会いましょう、サヨウナラ！」

（イメージマンガ　その⑦）

この本の全編中、最も重要なシーンです。使命を帯びてイエス様により派遣された天使コロナ。天使は神やイエス様と同じく不死の存在です。そんな存在が本来の役割をあえて変更してまで地上に降臨するのは、イエス様と同じく特別の使命があるからです。それは、現在世界中に蔓延している新型コロナによる犠牲者を天国に迎える役割、犠牲者はサタンの策動によって起こされた最後の抵抗の殉教者なのです。その人々を救う役割を担うには、イエス様と同じく一旦は死ぬ経験をする必要があるのです、しかも旧型のコロナウイルスによって。その天使コロナが、子ネコニャニャヒメから、その子ネコのころもを脱ぎ捨てて、天使へと変身するシーンをイメージして下さい。連続した変身過程を１枚の絵の中に表現して下さい。一番下に、ニャニャヒメのなきがらとそれを見つめる私、次にニャニャヒメのなきがらから抜け出ようとする霊体としての天使、その上に天使の翼を拡げる天使コロナ、一番上に天上に向って昇天する天使コロナを表現して下さい。チョウチョの羽化をイメージすると良いでしょう。最上段には、エデンの園で天使コロナを待ち受けるイエス様とそのそばに太陽とその外側に輝くコロナの層を描いて下さい。コロナは、太陽の外側に光り輝く存在でありながら、太陽本体よりも温度が高い、不思議な存在です。

地球に光と恵みを与えるコロナの存在、僕はコロナを尊敬しているのです。

♪パパ元気になれずに　御免ね
ヒメはもっと　生きたかったの
例えこの身は　召されても
2匹の愛は　永久に咲く
ヒメの命を　生きて　パパ♪

（『愛と死を見つめて』の替歌）

21. レクイエム

我が最愛の娘なる　ニャニャヒメよ
御身は奇しき縁をもて出逢いし
ニャーニャと我との子

人目を忍び　生きる糧を与え
路地で遊び　部屋でまどろみ
育みし　親子の愛

などて神は汝の生を奪い
天国へ召し賜いしか
せめてかの国にて　神に仕え
その役割を　まっとうせんことを願う

いとしきニャニャヒメ
幸薄きニャニャヒメに
幸あれかし

我が子よ
我が子よ
我が子よ

写真 18. 祭壇の前のニャニャヒメ

22. ネクスト・パートナー

「ネーネー、オバァちゃん、いっしょに遊んでよっ！　おカァちゃんは、いっしょに遊んでくれないのヨ、アタシさみしいのヨー！」

「いやなこった！　一匹で遊びなさい。私、あなたがきらいなのよ、フーッ！」

「なによッ、つれないわね！　そっか、パパが来てるからなのねっ！　じゃパパッ、私と遊んでちょうだいな！　アッ、ワタチを抱き上げてどうするの？　まっ、いいっか！　どっか他のところで遊びましょっ、ニャンニャンっ！♡」


「あらっダーリン、来てくれたのネ？　私、別のナワバリに移ることにしたのヨ！　あなたともこれでお別れよ、サヨナラ、ダーリン、いとしの人！　この柵を越えて私は去って行きます、決して後を振り返らずに。さよならダーリン、さよなら〜！　よっこらしょっッ、と！　なんちゃってねー！　ネコは細かいことは気にしないのヨ、ネッ！　あなたのこともすぐに忘れてしまうでしょーネーッ！　それよりおナカがすいたワネッ！　新しいナワバリにはエサがたくさんあるかしら？　またフテオとヨリを戻そうかしら？　楽しみだワネーッ！　じゃあネ、ダーリン♡♡」

写真 19. ニャンシー

♪私の瞳が濡れているのは
涙なんかじゃないわ
泣いたりしない
この日が　いつかは　来ることなんて
解っていた　はずよ
泣いたりしない
私は　泣かない　だってニャーニャの
ニャーニャの　旅立ちだもの
泣いたりしない♪

（『旅立ち』の替歌）

（イメージマンガ　その⑧）

ニャーニャとのラブ・シーン最終篇、別れの場面です。隣のビルに通じる柵の手前で、後からついて来る僕に向って振り向くニャーニャ、別れを察知した僕は最後の大ミエを切ります。右手で大袈裟に敬礼をします。ニャーニャへの敬意と別れ、それに僕が警備員であることを象徴的に表現した、これ以外には有り得ないポーズです。その為に僕は警備員の制服制帽の正装で対している、実際には有り得ない場面にして下さい。ニャーニャは、別に悲しそうでもなく、あらっそうってな感じで、僕も悲愴な表情ではなく、敬意と感謝がにじみ出たような、2匹の関係性を表した別れのシーンです！

23. おてんばニャンシー

♪こんにちは　ニャンシーちゃん
　　　　　　あなたの無表情
　こんにちは　ニャンシーちゃん
　　　　　　あなたの鳴き声
　その小さな　前足　つぶらな瞳
　初めまして　私がパパーだよ♪
（『こんにちは赤ちゃん』の替歌）

♪クローゼットの中には　ニャニャミが居る
　あ〜　知りとうなかった　知りとうなかった
　　　　知りとうなかったヨ　ニャンニャン♪
（『金鳥ゴンゴンのコマーシャルソング』の替歌）

♪犬かな　ニャン　犬じゃない　ニャン
　猫かな　ニャン　猫だな　ニャー
　風が吹くたび　気分もはずむ
　　　　　　　そんな年頃ニャー♪
（『夏色のナンシー』の替歌）

（イメージマンガ　その⑨）

ニャニャミを飼い始めた初期の頃、勤務に出かける為に家を出て直ぐ、忘れ物に気が付いた僕は、すぐに家に引き返しました。ところが家の中に、ニャニャミの姿が見つかりません。辺りを見回すと、ファンシーケースの中がゴソゴソしています。その中にニャニャミが居ました。既にファンシーケースのファスナーはほころびており、ニャニャミがジャンプしてジャスト

写真 20. 幼いニャンシー

写真 21.
ミサンガの首輪の
ニャンシー

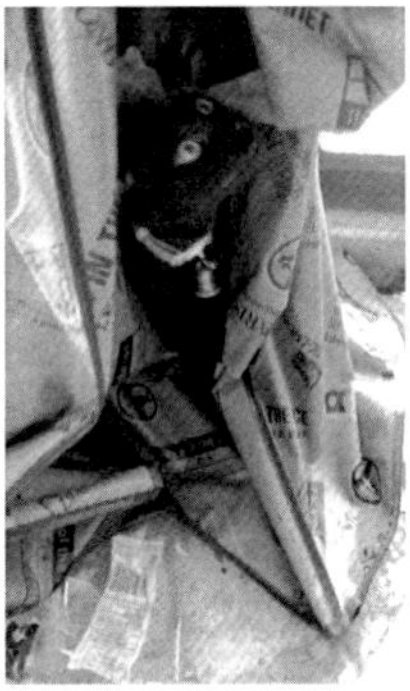
写真 22.
ニャンシーケースで
遊ぶニャンシー

ＩＮする穴ぼこが開いておりました。外に出れなくて、ウンチでもして一服しようか、などと行動されたなら、大騒動になるところでした。その後のニャニャミ失踪事件とニャンシーケースのなれの果てを予感させる事件でした。という訳で、ファンシーケースのジッパーを下ろすと出て来たニャニャミに驚く僕と、イタズラが見つかってバツの悪そうな表情のニャニャミを描いて下さい。

24. ニャニャミ・スタンダード

その①　去勢

♪ So you don't have to worry worry

守ってあげたい

ニャニャミを苦しめる　すべてのことから

Cause I love you ♪

（『守ってあげたい』の替歌）

その② エサ

「ネーネー、パパッ！　エサをちょうだいニャー！　エサダヨッ、エサ〜！　抱いてほしいんじゃないよ、エサ〜！　じれったいニャー！　エエイ、これでもくらえ〜、ジョンジョロリーン！　あっ、やっとわかってくれたニャー♡じゃあ〜、早くエサをちょうだいニャー、ニャンニャン！」

写真23.
エサを食べるニャニャミ
(エサ皿はキティーちゃんのどんぶり)

♪おなかがすいて　おなかがすいて
あなたにオシッコ　かけたのだから
夕べのことは　もう言わないで
このままそっと　抱いててほしい♪
（『ゆうべの秘密』の替歌）

（イメージマンガ　その⑩）

ニャニャミの放尿場面を描いて下さい。僕の股間にオシッコした後、キティちゃんのどんぶりの前にすまして、僕からのエサを待つニャニャミです。どんぶりの現物は、ピンクの地色にキティちゃんの絵があしらわれたものですが、絵にすると判りにくいので、キティの文字を入れるなりして、シンプルにマンガタッチに面白くして下さい。その後には、慌てふためいて風呂場に駆け込む直前の僕を、遠近法でデフォルメして、小さくあしらって下さい。慌てているので、パジャマのズボンだけ脱いで、フルチン姿で、手には股間に鮮やかにシミが描かれたズボンを拡げて、ニャニャミに抗議しているポーズをしています。シミをゆびさしている姿が良いかも知れません。僕の右側が風呂場の入口、左側がトイレの入口、真後ろが洗濯機という位置関係ですが、そんなに詳しく描く必要はありませんが、これから服を脱いで風呂場に飛び込む前に、せめてニャニャミに抗議しておきたい、僕の切ない気持ちがユーモラスに表現出来れば、最高です！

その③　ネコ砂

「パパッ、何してるの？　そうか、ボクのフンを集めてるんだね！　ボクのフンがパパの役に立ってるんだッ、ウレシイニャー！　ちょっと待ってニャ、新しいのをしてあげるからニャ、ウンコロリン、ウンコロリンっとっ！　ボクもパパの役に立ててうれしいニャー、ニャンニャン♡」

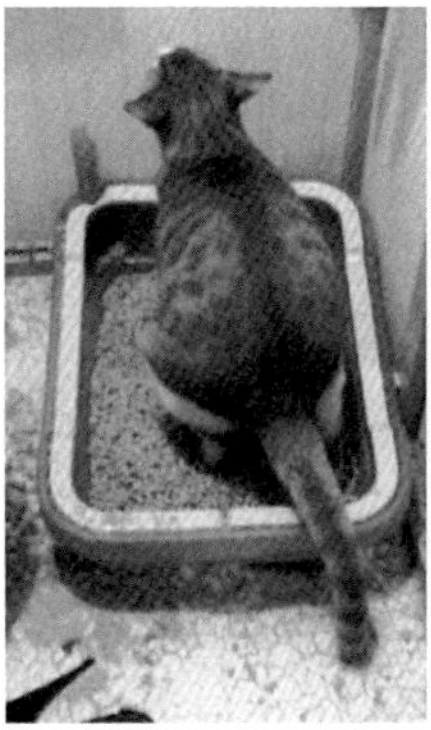

写真 24.
トイレでのニャニャミ

写真 25.
砂場でのニャンシーとニャニャミ

写真 26.
ニャニャミのフン

写真 27. ニャニャミのアクビ

（イメージマンガ　その⑪）

ウンチお囃子エピソード。猫砂入れの中できばっているニャニャミに向かって手拍子で励ます僕。ニャニャミは迷惑そうな困惑の表情をしています。有り得ないシーンを、さも現実のように描いて貰えれば最高です。

（イメージマンガ　その⑫）

お礼のフン事件。トングを右手に持って、ニャニャミのフンを拾い集める僕の横で、その努力に報いようと気張っているニャニャミ。既に産み落したフンからは、ホカホカと湯気が立ち上っています。それを見て呆気にとられている僕の間抜け面を描いて下さい。

（イメージマンガ　その⑬）

あくびのイラストをお願いします。狩猟動物故に大きく開けて獲物に襲いかかり易いような構造になっている口を、目一杯開けてアクビするニャニャミ。それを見て恐怖におののくネズミ年生まれの僕。恐怖の表情と共に、吹き出しの中にニャニャミがネズミを、口を目一杯開けて威嚇しており、ネズミが恐怖におののいている様子を描いて下さい。

その④　ブラッシング

♪この　確かな時間だけが
今のニャニャミに　与えられた
唯一の　あかしなのです
触れ合う　ことの喜びを
パパとの　ブラッシングに　感じて
そして　生きて行くのです

僕の体に伝わる　ブラシの動き　感じて
どうぞ　このまま　どうぞ　このまま
どうぞ　止めないで♪

（『どうぞこのまま』の替歌）

その⑤　散歩

（イメージマンガ　その⑭）

ニャニャミの散歩場面です。首輪から伸びた紐に繋がれたニャニャミが、一目散に草むらに向かって突進している。草むらには色んな虫達が歓迎の舞曲をかなでており、そばの木には鋭い枝先や切り株が見えます。僕はそれを見て、恐怖におののいております。その辺りを特にデフォルメして描いて下さい。虫達は、本来はヤブ蚊がメインでしょうが、地味なので、テントウムシやカマキリをあしらって、ハデな虫達のどんちゃん騒ぎを演出して下さいませ。

写真 28. 散歩に向かうニャニャミ

（イメージマンガ　その⑮）

ニャニャミの散歩の様子でもう一枚お願いします。これはヤバイので、今まで秘密にしていた事実です。散歩の途中でニャニャミは、地面に穴を掘って用を足す事は、本文で記述しています。それが普通の地面なら問題は何ら無いのですが、時々ヤバイ場所でやらかすのです。それは子供達が遊ぶ砂場なのです。住宅の敷地は公園に面しているので、ブランコやスベリ台、それに一応柵に囲われた砂場があるのです。その砂場に、ニャニャミが入りたがるので、僕が柵を開いて招き入れたのでした。ところが、図に乗ったニャニャミが、禁断の地で穴を掘ってやらかしてしまいました。住宅の人にばれたら、タダでは済みませんが、もう時効で許して貰いましょう。という訳で、イラストでは、砂場に穴を掘って用を足すニャニャミを見て、青くなっている僕の表情をお願いします。ビックリマーク以上の、恐怖におののくブルブルマークでお願いします。ニャニャミが用を足している場所が、砂場である事が判るように、柵で周りを囲って下さいませm(_ _)m

「うれしいな、うれしいニャ～！　散歩だニャ～！　さあパパ～ッ、しゅっぱつしんこうだ～ニャ～！　スイスイ、ピョン、スルスルだ～ッ！　ウンコロリンに、おっかけっこ、まちぶせだニャ～！　えっ、パパッ、何すんニャー！　いやだよニャー！　ニャニャニャニャーッと、かんじゃえ、ガブッ！　僕のジャマをする者は、たとえパパでも、許さんニャーぞ、ニャオニャオニャー‼」

その⑥　寝床

♪わがままは　子ネコの罪
　それを許さないのは　人の罪
　若かった　何もかもが
　あのネコじゃらしは
　　　　　　もう捨てたかい♪
　　（『虹とスニーカーの頃』の替歌）

「あう～、この様子は、パパが遊んでくれるのニャーッ！　いつもとは逆に、ワタシが攻める番よっ、この私の右手をくら

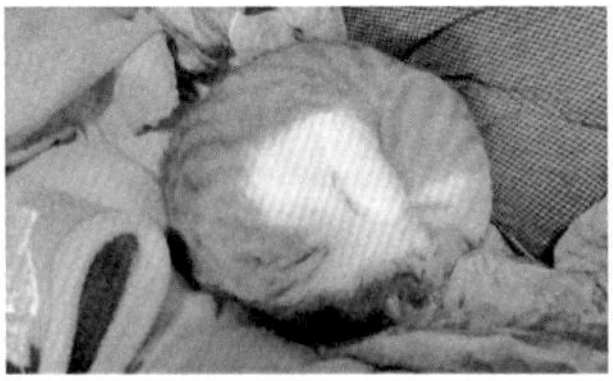

写真29.
アンモナイト状態のニャニャミ

写真30 棚の上のダンボールで
寛ぐニャンシー

えっ、サタンの掌のおかえしヨニャーッ！　ざま〜みニャッ！

（イメージマンガ　その⑯）

化け物の腕事件。ある時、引き出しの下着を取り出す為に手を入れると、中から黒々とした化け物の腕がニューと出て来て、腰を抜かしました。よく見ると、それはニャンシーの前足でした。フカフカのフトンにくるまって、気持ち良く寝ているのに、安眠妨害されて気分を害した様子でした。思いがけない出来事にビックリする僕の様子を面白おかしく描いて下さい。

♪ニャンシー　ニャンシーベイビー
ニャンシー　ニャンシーベイビー
ニャンシー　イイイイイイイ　ベイビー
ニャンシー　さあ出ておいでよ
カムカム　カムアウトトゥナイト
カムカム　カムアウトトゥナイト
ニャンシー　ニャンシーベイビー
ニャンシー♪

（『シェリー』の替歌）

その⑦　ベッドとバイブレーター

「アーッ〜！　きもちいいよパパッ！もうニャロニャロ、このまま寝るニャー♡おやすみパパ〜〜！　グルグル〜！」

♪左の肩が　何故か痺れる
　ニャニャミの肩抱き　一晩眠った♪
（『なやみ』の替歌）

♪眠れニャニャミ　パパの腕で
　眠れニャニャミ　パパの手で　ニャー！♪
（『シューベルトの子守唄』の替歌）

♪ニャニャミと寝る時にゃよ
　　　　　　　オッパイがさみしかろ
　おなごを抱くように　あたためておやりよ♪
（『ひとり寝の子守唄』の替歌）

写真31.
じゃれあうニャニャミとニャンシー

♪町のスズメに　深酒させてよ
　　可愛いニャニャミとよ
　　　　　　　朝寝する　サイコーね♪
（『舟唄』の替歌）

その⑧　廊下グラウンド

「あっ、あのあしおとはパパだっ！　みんな、パパが帰って来るゾ、ニャ～！　ドアーがあいたら、いっせいにニャーっと飛びだそうニャー！　そらっ、ドアーが開くぞ、用意は良いニャー！　それっ、ニャニャニャ～‼」

写真 32. 廊下で遊ぶニャニャミとニャンシー

（イメージマンガ　その⑰）

あるじ転落事件。廊下にイスを出してニャニャミにブラッシングしてやるのが日課でした。ある時、一旦席を外してから再び戻ると、イスの中央にニャニャミがふんぞり返って、鎮座しているではありませんか！　まるで自分が一家の主であるかのように、ふんぞり返っているように見えました。実物のイスは木製の安価なイスですが、デフォルメして、立派な肘掛け椅子にデンとポーズを取っているニャニャミを描いて下さい。判り易いように、「主の座」とイスの上に説明を入れて下さい。思いがけない展開に、自分の地位を脅かされる脅威を感じておののいている僕を、ビックリマーク入りで描いて下さい。お願いします。

（イメージマンガ　その⑱）

廊下に進入して来たカラスを、僕が威嚇している場面を面白おかしく描いて下さい。廊下の端に佇むニャニャミをかばいながら、その前に立ちはだかって雄々しくカラスを威嚇する僕の勇姿を描いて下さい。手を振り上げて威嚇する僕に、さすがのカラスも口をあんぐりと開けて恐怖におののいている様を、大袈裟に描いて下さい。

その⑨　取っ組み合いと毛繕い

写真 33. ニャンシーに舐められるニャニャミ

♪ニャニャミー　ニャニャミー
空は青く　土地広く　ここは大阪　大都会
野良ネコは　寄せ付けぬ
左の片目は　伊達じゃない
俺は飼い猫の　ニャニャミー　ニャニャミー♪

（『ララミー牧場』の賛歌）

25. 黒光りニャンシー

♪私のニャンシー　良いニャンシー
目はパッチリと　色黒で
でっかい口元　愛らしい
私のニャンシー　良いニャンシー♪

（『わたしの人形』の替歌）

♪ニャンシーは　カマトトネコ
やって来たのは　北新地
毛色は真っ黒　目は青く
本物だよ　シャムクイーン
マイカマトトネコ　フロム新地

（『ルイジアナ・ママ』の替歌）

写真 34. アンブレラの下のニャンシー

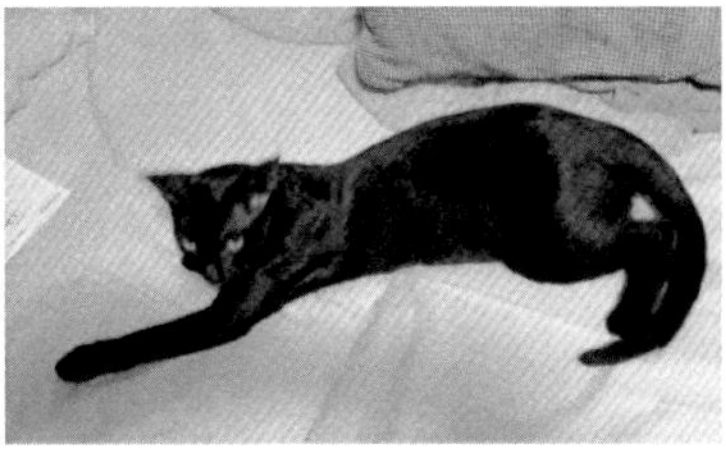

写真 35. 黒光りするニャンシー

26. 王女の発情

「あ〜、ムラムラするわっ、これが発情ってものかしら？　パパもおニイチャンも答えてくれないし、しょうがないわネー！　ここではヨッキュウフマンだから、このナワバリを出て、他の場所でオスを捜すしかないわネ、そうしましょうそうしましょう、ネコのメスは、オスと違ってケツダンが早いのヨ！　じゃあ、すぐ実行しましょう、じゃあニャニャミニイチャン、さようなら。パパによろしく言っといてニャー！　ジャ〜ネ〜、ニャンニャンニャンシー！

♪ネコは誰もただ一匹　旅に出て
ネコは誰もナワバリを　振り返る
ちょっぴりさみしくて　振り返っても
そこにはただ風が　吹いているだけ
振り返らずただ一匹　一歩ずつ
振り返らず鳴かないで　走るんだ♪

（『風』の替歌）

♪ありがとう　ニャンシー
お前は　良いネコだった
半端な小猫より　楽しませてくれたよ
だけどニャンシー　あばよニャンシー
お前は出て行かなくっちゃ　いけないんだね
首輪におみやげでも　持たせてやりたいけど
そしたら一日　旅立ちが延びるかな
子猫はいつでも　不幸な旅人
明日の行方さえ　わからないんだね

ありがとう　パパ
あなたは　良い人だった
あなたと暮らすのが　幸せでしょうね
だけどパパ　さようならパパ
わたしにはそれが　出来ないのよ
部屋から出たなら　冷たい木枯らし
あなたと暮らした　ぬくもりが消えて行く
子ネコはいつでも　悲しい旅人
花園で眠れぬ　こともあるのよ♪

（『サムライ』の替歌）

♪黒いニャンシー　静かに去った
あのネコは帰らぬ　遠い場所
俺は知ってる　ネコのはかなさ　ネコの苦しさ
だからだから　もうネコなんか
追いかけない　追いかけないのさ♪

（『黒い花びら』の替歌）

♪さよならは　別れの言葉じゃなくて
　　再び遭うまでの　遠い約束
　夢が居た場所に　未練残しても　心寒いだけさ
　このまま　何時間でも　捜していたいけど
　ただこのまま　冷たい心を　暖めたいけど♪
（『夢の途中 - セーラー服と機関銃』の替歌）

♪さあ今　夢中で　さあ今
　　　　　　　　なわばりの向うへ
　　　　　　　　　　　走って行け♪
（『出発の歌』の替歌）

♪忘れていいのよ　私のことなど
　一匹で生きるすべなど　知っている
　　　悲しいけれど　ネコだもの
　もういいわ　もういいわ　怒らないでね
　不思議ね　別れの予感を　感じてた
　　　　　　心の中で　少しずつ♪
（『忘れていいの』の替歌）

「パパッ、許してよっ！　ニャンシーが出て行くって言うから、行かしたんだようっ！　僕がけしかけた訳じゃないよ～っ！　解ったよ、解りました。外に捜しに行けばいいんでしょ～！　ニャーニャーっ、ニャンシー、どこにいるんだヨ～！　……ニャンシー居ないニャー！　パパ、ニャンシー、居ないよ！　解りました、外に捜しに行って来るよ～！　……パパは、本当に怒ってるニャー！　仕方ないニャー、外に捜しに行くフリして、いつもの場所で一晩スゴすとするっか！　……朝になったニャー、じゃパパを呼ぶとするか、ニャ〜！　……しめしめ、パパがやって来たニャ。パパー、ニャンシー居なかったよ、ゴメンナサイニャ、でも、仕方ないよニャー！　まだ、ボクがいるから、ダイジョ〜ブダヨ、ニャンニャン〜！」

♪明日私は　ナワバリ出ます
　パパの知らない　オスを求めて
　いつか行く事になる　まだ知らないナワバリへ
　行く先々で　思い出すのは
　パパのことだと　わかっています
　そのさみしさが　今後のカッテだと
　変えてくれると　信じたいのです
　サヨナラは　いつまでたっても
　とても吠えそうに　ありません
　ニャンシーにとって　パパは今も
　子供心の想い出　なんです
　7時ごろの　朝の時間に
　私はなわばりから　旅立ちます

（『あずさ２号』の替歌）

27. それからのニャニャミ

写真 36. ニャニャミとニャニャム

写真 37. 新しい３匹のネコ

28. ビバ・ニャンコ

その① お尻のニオイ

「ネーネー、パパッ、遊んでよ！　アッくさっ！　何だよこのニオイ？　こりゃタマラン、スタコラさっさ、サヨ～ナラ～‼ ニャー、クサイ！」

「ネーネー、パパッおシリナメてよッ！　エッ、何でナメてくんないの？　ママはナメてくれたよ！　じゃ、ニオイをかいでヨ！　えっ、ニオイもかいでくんないの？　つまらネーニャー！　何でかな？　ニオイが薄いからかニャー？　じゃあ、こんどはウンコロリンした後のプンプン判るのをカイでもらうから、期待しててニャー！」


（イメージマンガ　その⑲）

ニャニャミに臭いお尻を向けられたエピソードです。ニャニャミにすれば、お尻の臭いのを嗅いで、健康状態を確認して下さい、と向けて来たらしいですが、確認し易いように、ウンチをした直後の、ニオイプンプンとした肛門を向けられたので、思わず悲鳴を上げてしまいました。マンガでは、僕に向かって尻尾を上げて、肛門を剥き出しにして迫って来るニャニャミのオケツ。肛門の下には、立派なタマブクロを描いて下さい。肛門からはニオイを発しているのが判るように、湯気のマークを描いて下さい。それを僕は、恐怖の入り混じった表情で見つめております。ヒェーッ‼

その② パパの屁は臭くない

（イメージマンガ　その⑳）

それは、僕がベッドの上に仰向けになって一発ぶっ放した時のこと、僕の胸の上にいたニャニャミが、僕の股間に鼻を近づけて、パパの屁の匂いはどんなものか、こんなものか、大したことないな、という雰囲気でした。臭い匂い、ホルモンの匂いが好きなネコには、人間の屁の匂いは大したことないようです。そこでイラストでは、僕がうつ伏せに寝っ転がっている尻にニャニャミが鼻を近づけている、背後を襲われた僕は、ビックリして、恐怖におののいている様子をお願いします。その方が、ビジュアル的に、面白いと思います。

その③　ニオイとアゴ乗せ

（イメージマンガ　その㉑）

　ポルノチックな３Ｐの場面を描いて下さい。大の字に寝ている僕の大の部分と太の部分にクロロとシロロを配置して、３匹でまどろんでおります。それぞれ適当な場所にハートマークを鼻ちょうちんのようにただよわせて、夢心地の３匹の様子を描いて下さいニャ！

その④　連れション

「パパパパ〜、いっしょにオシッコしようよ！　僕もオスだから、立ちションするよ、ジョンジョロリン、ジョンジョロリン。ついでにウンチもしておこうか？　ウンコロリン、ウンコロリン！ってニャー！」

（イメージマンガ　その㉒）

　２匹の立ちションのシーンをお願いします。便器に向って放尿する僕と、ネコ砂に向ってオシッコするクロロをトイレの外側から真横のアングルで、体の大小・放物線を描いて放出されるオシッコの大小と角度の違いを、対比してユーモラスに描いて下さい。

その⑤　膝上ダッコ

（イメージマンガ　その㉓）

洋式トイレの便座に、ズボンを下ろして座る僕の膝の上に、クロロが飛び乗ります。僕の戸惑いにはお構いなしに、クロロはすまし顔。洋式トイレであることが判るように、便座や水洗タンクを描き、足下にはネコ砂入れも描いて下さい。手前に右開きのドアーの個室の正面に向って腰掛ける僕の膝上に右側を向いて、すなわち扉の外から見るとこちらを向いてすましているクロロを描いて下さい。例によって、僕の頭部には、ビックリマークをお願いします。

その⑥　風流な水遊び

写真 38. ニャニャミとニャニャト

写真 39. ニャニャミとニャンタ

写真 40. シロロとクロロ

その⑦　コップの水

「あっ、入れ物に水が入ってる。うまいんだニャー、これが！じゃあちょっと失礼して、ペロリン、チュバ、チュバ、こりゃたまらんニャー♡」

（イメージマンガ　その㉔）

三面鏡の前で、今まさに洗い終えたレンズを、人差し指に乗せて目に入れようとしている僕の横から、闖入したクロロが、コップに舌を入れて旨そうに舐めます。それを見てあっけに取られている僕と、得意そうに満足しているクロロを対比して描いて下さい。後ろ姿と、鏡に写った正面の姿とのダブルスタンダードの面白さを強調して下さい。カップはストレートなものよりも、取っ手が付いている方がおかしみがあって、面白いと思います。

その⑧　風呂場のガラス戸

（イメージマンガ　その㉕）

風呂場のイラストでは、右向きに湯船に浸かっている僕の向こう側のガラス戸を、右端から20cm程左へ、自分の左前足で開けて、そのすき間から顔を覗かせているニャニャミ。僕は思いがけない初体験にビックリしております。人・ネコの配置の面白さを、全面に出して描いて下さい m(_ _)m

その⑨　犯される!?

（イメージマンガ　その㉖）

シャワーをあびて、パンツいっちょうでベッドに横たわっている僕の体の上にクロロが飛び乗ってグッパをします。ポルノチックにいやらしく描いて下さいませ。

その⑩　ニャニャミの爪はがし

替歌８選

・中崎町の動物病院へ向かうニャニャト

♪さらば自宅よ　旅立つネコは
　うちの子ネコの　ニャニャト
　自宅を離れ　中崎町に　はるばるやって来た
　うちの子ネコは　ニャニャト♪

（『宇宙戦艦ヤマト』の替歌）

・おねだりするニャンタ

♪ある日ニャンタが　困っていると
　親切なパパが　やって来た
　ネエ今おなかがすいて　困っているの
　お願い　ニャンタに　エサを下さい
　ニャンタに　エサを下さい
　ニャンタに　エサを下さい
　ニャンタに　エサを下さい♪

（『金太の大冒険』の替歌）

♪ニャンタにあげた　今夜のエサを
　今さら返せとは　言わないよ♪

（『あんたのバラード』の替歌）

・ニャンタにダイエットを迫る歌

♪食べ物に十分　注意をするのよ
　お水もチョッピリ　ひかえ目にして
　あなたは子ネコでしょ　もっとやせなきゃダメなの

エサのことばかり　心配しないで
スリムになってね　ニャンタ太ってます

私はちっとも太くはないのよ
けれどもチョッピリ　大食いでした
エサ皿のそばに居て　何も食べられなくて
おなかをすかすのは　悲しいものよ
肥満児にさせてネ　ニャンタ太ってます

時間が必ず解決するのよ
どんなに苦しい　ダイエットだって
あなたはニャニャミより
　　　　もっとやせなきゃダメなの
いいわね　お願い　太りゃおかしいわ
スリムになってね　ニャンタ太ってます

（『わたし祈ってます』の替歌）

・家出したニャンタ

♪ニャンタニャンタニャンタね
あんな子ネコの　一匹二匹
欲しくばあげましょ　エサ付けて
アーラ　とは言うものの　ネエあのネコは
私が初めて　拾ったネコ♪

（『さのさ』の替歌）

・クロロとシロロのエサ

♪クロロちゃんに　キャットフードあげた
シロロちゃんたら　横から食べた

仕方が無いので　も一度あげた
さっきのキャットフード　クロロのものよ

シロロちゃんに　カニカマあげた
クロロちゃんたら　横から食べた
仕方が無いから　も一度あげた
さっきのカニカマ　シロロのものよ

（『やぎさんゆうびん』の替歌）

・**全てのネコ達に**

♪聞きわけのない　ネコ達だね
このオレを　困らせないで
オレだって　お前達と離れて
生きて行くつもりは　ないんだよ
この次の人生も　めぐり合いそして愛し合い
お前達となりたい　幸せに♪

（『めぐり逢いふたたび』の替歌）

♪ Sail on golden cats, sail on by.
Your time has come to shine,
All your need are on their way.

See how they shine oh if you need a gaud,
I'm sailing right behind.

Like a bridge over troubled water
　I will ease your mind.
Like a bridge over troubled water

I will ease your mind, aha. ♪

(『BRIDGE OVER TROUBLED WATER』の替歌)

その⑪　廊下グラウンド・パートⅡ

（イメージマンガ　その㉗）

雷の音に怖れたニャニャミが、一目散に逃げ込むイラストをお願いします。通路は各部屋の外廊下になっており、120cm位のコンクリートの安全壁が、外部に面して設置されており、その上には鉄製の手すりが設けられておりますが、囲われている事が分かれば簡略に描いて結構です。実際には外に病院が在るのですが、それは無視して、廊下を手前に向って一目散に走るニャニャミを大きく描き、その後に、イスに取り残されて唖然とする僕を小さく配置し、その斜め上に稲光を配置するのが理解し易いでしょう。実際には、雷の音に怯えているのですが、ビジュアル的には稲光に怯えている形にして下さい。

その⑫　可愛いボディービルダー

「パパ、何か叫んでるネ！　何っ？　僕が可愛いって？　そうだね、僕可愛いもん！　じゃっ、リクエストにお答えして、カワイイポーズ！　どう、カワイイでしょ、アラヨット、どう、このポーズ？　パパ、喜んでくれてるネ！　これからもカワユイ、パパのニャニャミで居るね！　期待してて、ジャー、アラヨットネッコッ！」

29. 本の出版と晩年のニャニャミ

「パパッ、ボクあんまり食欲がないんだ！　パパがくれるカニカマなら、なんとか食べるけどニャッ！　パパとは長い付きあいだったよニャー！　いろんなことがあったニャー！　パパがボクを助けてくれたんだニャーッ！　忘れないよ。カンシャしてるんだニャー！　どんなことがあっても、ボクはパパの息子ダヨニャー！　……ああ苦しい、ボクもうダメみたい、パパさようなら、アリガトニャーッ！　……あれっ、もう苦しくなくなったよっ！　ボク、もう死んじゃったみたい。パパがボクの体をバッグに入れて病院へ運んでるニャー！　…………パパが帰って来たニャーッ！　ボクをレイゾウコの一番上に入れてるニャーッ！　…………夜になるとボクをレイゾウコから出して、いっしょに寝てるんだニャーッ！　ボクもいっしょに、パパのそばに居るニャ、しばらくの間はニャー！」

♪ニャニャミちゃんと　さよならしたから
　9月6日は　サヨナラ記念日♪

（『サラダ記念日』の替和歌）

♪何を見ても　ニャニャミ様を
　想い出して　そうろう♪

（『手紙』の替歌）

30. ニャニャミありがとうサラバ！

　ニャーニャの子として　生れ落ち
　ニャニャミという名を　与えられ
　皆から好かれる　ネコとして
　在りし姿を　想い出す
　理不尽な死を　迎えしが
　ガキの頃より　慣れ親しんだ
　永久に私の　息子なり

生みの親より　育ての親と
更に親しみ　深けれと
来世へ向かい　今送り出す
バイバイあの世へ　ボンヴォヤージュ

ニャニャミ　ありがとう　さらば！

♪古い写真をめくり　ありがとうって
つぶやいた
いつもいつも夢の中　はげましてくれるネコよ
想い出　遠く褪せても　会いたくて
会いたくて
ニャニャミへの想い　なだそうそう♪
（『涙そうそう』の替歌）

「ボクの体を焼いて、いよいよ、パパともお別れして、ボクはエデンの園に昇ります。アッ、パパだっ！　ボクの方を見て、見送ってくれているんだニャッ！　パパ、サヨナラ。また天国で会いましょうニャッ！　…………さあ、雲の上まで昇ったニャッ！　あっ、ママだっ！　ヒメネーチャンも、ニャンシーちゃんもいるニャー！　ただ今、ボクエデンに帰って来たよ！　また皆と楽しく遊ぼうニャッ！　ただ今ニャ～♡」

（イメージマンガ　その㉘）
ニャニャミの遺体を生駒山で焼き、その魂が雲に乗って天上のエデンの園に向って昇って行く、感動のシーンのイラストをお願いします。地上では僕がニャニャミを見送り、天上では既に昇っているニャーニャやニャニャヒメが、ニャニャミを迎え入れようと待ち構えている。それを少し離れてイエス様が微笑んで御覧になっている。その後方には、太陽とそれを取り巻くコロナが輝いている、読者に夢と希望と感動を与える渾身の絵を描いて欲しいのです。この物語のラストシーンをかざる感動の場面です。よろしくお願いします。m(_ _)m

エピローグ　再びエデンの園で

「皆の者、ご苦労であった。イサク、どうであった、アブラハムの様子は？」

「ハイ、親子の契りを十二分に結んで参りました。最後には、私を真の実の息子として見送ってくれました」

「それは良かった！　サラはどうであった？」

「私にも、異なる動物としての違いを乗り越えて、愛していただきました」

「ハガルは、どうであった？」

「ハイ、アブラハム様には、サラ様という正妻がおられますので、私に対してはよそよそしい面もありましたが、それなりに充分なお情けはいただきました」

「最後に、天使コロナ、地上の居心地はいかがであったか？」

「ハイッ、地上へ行くのは初めてでございましたので、何かと物珍しい事を沢山経験させていただきました。ただ、私は地上での滞在期間が短かったものですから、何だかやり残した事が多かったのではないかと、もの足りない印象でございました」

「そうだな！　その分これから大いに活躍してもらわねばならないのだ」

「と申しますと？」

「このエデンの園は間もなく地上へ降下する。悪魔どもとの最終戦争と最後の審判が行なわれるのだ！　だが悪魔達は、自分達の敗北が近いことを覚り、地上の人類に最後の災厄を仕掛けてくるであろう。それは、天使コロナ、お前の名前の付いた疫病のことだ！　人々はお前の名前を呪い、うらむであろう。だが、それに臆してはならない。お前は疫病の犠牲になった人々の魂を救い、遺族を慰めるのだ！　それはお前にしか出来ない崇高な役割なのだ！　その役割を果たす為には、お前も私と同じように一旦死なねばならなかったのだ。一旦死の経験をした者でなければ、本当の意味で死者を救うことは出来ない。それを、お前に経験させる為に私はお前を地上に派遣した。地上での経験を生かして、必ず疫病で倒れた殉教者達を救うのだ！　私は、お前が救い上げた殉教者達をいち早く、このエデンの園に迎え、千年王国を築いてみせる。私の片腕となってくれ！　人々を救済するのだ、頼んだぞ！」

「解りました！　でも、人間以外の他の動物はどうなるのですか？」

「他のあらゆる生物も同様だ！　千年王国はノアの箱舟の再来なのだ。あらゆる生物を分け隔て無く迎え入れ、暖かくもてなす。天使コロナはその先頭に立って活躍するのだ！　その資質を見極め訓練する為にお前を地上に派遣したのだ！」

「そうだったのですか！　ありがとうございます。でも、どうやってもてなすのですか？」

「それぞれの生物が持っている、本来のやさしさを取り戻させれば良い。エデンでは、全ての生き物が仲よく暮らし、殺し合いも食う食われるの関係も無くなる。全ての生物が平等に生きて行くのだ！」

「解りました。大変な大仕事になるのですね？」

「その地ならしは、これから地上でアブラハムが行なってくれる。それを自覚させる為に、そち達を地上のアブラハムの元につかわしたのだから」

「解りました。それらの事が実現するまで、あとどれ位かかるのでしょうか？」

「間もなくだ、間もなくやって来る！　必ずな！」

　イエス様は確信に満ちた目で、はるかな地上を見つめるのでありました。エデンの園の水曜日が、間もなく暮れようとしていました。いつものように、平和で静かな夕暮でありました。

天使コロナとカマトトネコの物語
完

宮沢賢治「雨ニモマケズ」
の替歌で「雨ニモマケズ警備員」

雨ニモマケズ　風邪ニモマケズ
コロナニモ夏ノ暑サニモマケズ
丈夫ナカラダヲモチ
欲ハアリ　決シテ人ニオゴラズ
イツモシニカルニワラッテイル

一日ニ酒四合ト　肉ト少シノ野菜ヲタベ
アラユルコトヲ　ジブンヲカンジョウニ入レ
ヨクミキキシテワカリ　ソシテワスレズ
都会ノ大キナビルノ一室ニイテ
東ニテウスノ現場アレバ　行ッテ応援シテヤリ
西ニツカレタ人アレバ　行ッテ誘導棒ヲ負ヒ

南ニビビッテイル人アレバ
　　行ッテコハガラナクテモイ、トイヒ
北ニケンカヤとらぶるガアレバ
　　ツマラナイカラヤメロトイヒ
ホコリノトキハナミダヲナガシ
酷暑ノ夏ハヨロヨロアルキ
ミンナニテクノボーイトヨバレ
ホメラレモセズ　クニモサレズ
サウイフ警備員ニ　ワタシハ
　　　　ナリタイワケネ～ダロウ
　　　　ヘ～～～～φ（￣▽￣）φ

本書の構成とコンセプト

1. 本書の構成とその読み方

さて皆さん、カオスとワンダーランドの世界へようこそ。この本を初めて手にされたあなた、さぞかしビックリされたことでしょう。このしっちゃかめっちゃかな、バラエティーに富んだ、何だか判らないごった煮のような本を、どうやって読めば良いのか、お迷いのことと思います。勿論1ページ目から満遍なく片っ端から読破するのでも良いのですが、この本には1ページ目が2ヶ所あります?! 折角読むのだから、その内容を出来るだけ効率良く効果的に構成や内容を全体的に把握しながら読みたい、とお考えのお方も多いことでしょう。その読者の為に、著者お薦めの読書法を提示しておきたいと思います。

それには、この本の構成とコンセプトをご説明しておかなければなりません。ご覧になってお解りのように、本書は大きく分けて3つの部分に峻別されております。すなわち、縦書きの文章の部分と横書きの会話文・写真・ポエム&替歌・論文&エッセーの部分、それに別扱いにされた秘密の文章、この3部分で構成されている訳です。つまり、3部構成であらゆる角度から「天使コロナとカマトトネコの物語」を紡いでいこうという、大胆かつ壮大な試みである、ということです。これらの正・反・合の弁証法の簡潔により、子子子ワールドが形成されている訳です。

これらの構成を概括的に把握したいのなら、「不完全なシンメトリー」の文章と「フラクタル宇宙論とモザイク人生論」とをお読みになると良いでしょう。これらの文章は、通常の本の「まえがき」「あとがき」に相当するものとお考えいただくと判り易いでしょう。

私は西洋史学専攻卒なので、私の基本的発想法を知りたいのなら、「帰納法と演繹法」「事実と真実」の文章をお読み下さい。

この本の中で述べられている、キリスト教と聖書について知りたいのなら、「ニャニャミと比較聖書学」「終末論と黙示録」（神＝宇宙人説）をお読み下さい。興味深い内容を記述しました。なお、手元に聖書（旧約・新約両方を含むもの）を置かれて、気が向けば参照されながらお読みいただくことをお薦め致します。

「替歌賛歌」は内容もボリュームがあるし、本邦初の論文になるので、出来ればじっくりお読み頂きたいです。文中に私の作品集を入れておりますので、出来ばえをお楽しみ頂き、本文中の替歌も合わせて点検し、納得して頂きたいです。

カマトトネコの物語の本文は、私がネコ達をどのように見ていたか、ネコ達は私をどのように見ていたのか、の両側面を対比して記述しましたので、同じシチュエーションを両角度から読んで頂きたいです。その為に、同じ場面は同一の章（たとえば11と十一）に割り振っています。間の章が抜けていても、気にしないで下さい。特殊な読み方として、例えばドキュメンタリーの部分をお母様が子供さんに読み聞かせ、メルヘンの部分をお子様が朗読する、などして親子の対話に役立てる、などして頂けたら、最高に有効な活用法になる、と私は考えています。

別扱いの「遺言」は、真に私が生きて来た証として後世に残しておきたい文章なので、なまはんかな気分では、読んでほしくはありません。読む気がなければ、そのままにしておいていただいて結構です。読むのなら、覚悟してお読み下さい。

本書は、食事にたとえて言えば、八宝菜定食のようなものです。主食の御飯に色んな具をタレでからめたおかず、スープにおつけもの、それにデザートとウーロン茶又はお酒。そのそれぞれの具を、御飯と交互に食べても良いし、全部一緒くたにして中華丼として食べても良いのです。そして、あなたが食後に、「ああ、おいしかった！　また食べたいなあ！」と言っていただければ、シェフとしてはこの上無く満足なのです。では、ブォナペティ！

2. 不完全なシンメトリー（まえがきに替えて）

「はじめに神は天と地とを創造された。地は形なく、むなしく、やみが淵のおもてにあり、神の霊が水のおもてをおおっていた。
　神は『光あれ』と言われた。すると光があった。神はその光を見て、良しとされた。神はその光とやみとを分けられた。神は光を昼と名づけ、やみを夜と名づけられた。夕となり、また朝となった。第一日である。」

　これは創世記第一章第一節～第五節に記述されている天地創造のくだりである。この後、神は天と地を分け、陸と海を分け、雄と雌とに生物を分け、生物を右半身と左半身との左右対称に創造された。つまり、神の天地創造の根本的コンセプトはシンメトリーであったのだ。しかしそのシンメトリーは、創造された瞬間から、そのバランスを失って行く運命にあった。神が自らの分身として創造した人間（男）は、光にあこがれ闇を嫌い、海を恐れて陸に住み、女を自らのあばら骨から生まれたものとして劣った存在と見なし差別した。生物は全て、人間にとって価値があるか否かに基づいて分類した。

　プラトンによれば、人類は最初、頭が２つ、手が４本、足が４本、胴体が１つの完全生物として造られた。神がそれを男女の２つに引き裂いた結果、人間は不完全なものが完全を求めて、互いに相手を求め永遠にさ迷い続けるのである、とした。

現在定説であるビッグバン宇宙論によると、全宇宙が創造されたビッグバン直後には、陽子の周りを電子が周回する「物質」と、電子の周りを陽子が周回する「反物質」とが、等しく創造されたとする。だが、現在我々の周りには物質しか存在せず、反物質は理論のかなた、人工の世界でしか存在しない。

現在の我々の世界では、インドのタージマハールや日本の神社・寺院の建築、欧米のゴシック建築を引き合いに出すまでもなく、シンメトリーが究極の建築美としてもてはやされている。だがそれは、現実の世俗とは掛け離れた創作の世界での話であって、実体ではない。しかり、この世は神が望んだシンメトリーの世界ではなく、依然としてカオスの淵にもがいている。それ故、歴史学徒としての私は、人間の歴史において、敢然としてカオスに挑戦し、シンメトリーの実現に向って声を上げ敗れ去った幾多の勇気ある英雄達を称賛する。この本は過去の試みに対するオマージュとリスペクトなのである。

こういう具合に書くと、抽象的で何を言いたいのか解らない、との批判を受けそうなので、具体的な表現をしよう。神様が天地を創造された時、左右対称を基本デザインとし、その2者の優劣を付けることなく、その御わざが行なわれた。しかるに、その直後から2者の力関係が変化し始め、優劣の差が生まれた。人間は魑魅魍魎がばっこする夜を嫌い、光輝く昼間を好み、ついには電灯を発明し、夜を昼と見まごうばかりの不夜城に改変し、そのバランスを変化させしめた。生命発生の源である海を離れ、陸地でのなりわいを欲した。身体能力の優位のもと、男が女よりあらゆる面で優れているとの神話を造り上げた。本来等価値であるべきはずの2者が、いつの間にか優者と劣者とに2分化されるようになった。そして、優者が劣者を差別する構造が既存の物として機能するようになった。あらゆる矛盾は、この２者のシンメトリーな関係のバランスが崩れることによって発生したのである、と強弁しても良いのではないかとさえ思う。

このアンバランスを、何とかして是正しようとする試みは絶えず行なわれた。にもかかわらず、その成果は望み得るべきものではなかったのである。アンバランスは固定され、あるいは更にその傾斜度を増し、矛盾を深めていった。今やその是正は望み得るべくも無く、我々は最後の審判での矛盾の一掃を待たねばならないのであろうか？　否、そうであってはならない！是正の試みはこれからも行なわれねばならない。たとえ、ほんの小さな前進であっても。この書物は、その試みのほんの小さな一例である。

その具体例を１つ挙げよう。お気付きの方もいらっしゃるかも知れないが、前作には「まえがき」が存在しなかった。いや、実は「まえがき」が存在するのだ。「まえがき」というタイトルを付けなかった、いや付けられなかったから、「まえがき」が存在しなかったので、実は「まえがき」の役割を果たすべき文章が存在したのだ！　その文章は、表紙カバーの見返し部分、著者紹介の部分である。私は本当は、この部分に「まえがき」のタイトルを付けたかったのだ！　何故なら、まったく予備知識の無い一般人が、書店でこの本を見て内容を確かめようとする場合、どの部分を拾い読みするのであろうか？と考えたからである。恐らく本文そのものより、前書き・後書き・著者の紹介など、すなわち、その本の周辺部分で判断するであろうと予測した。そこで、著者が読者に端的に、短い言葉で内容をアピールする、イの一番に読んでもらいたい文章、それこそが「まえがき」のタイトルを冠するにふさわしい文章である！と考えたのである！　案の定、この提案は一笑にふされた。「本の後半部分に位置する文章を『まえがき』と表現するのは、どう考えても理不尽だ」との主張に屈したからである。だが、どうしても納得出来なかったので、今回も「まえがき」のタイトルを付けた文章は執筆しなかった。その替わりに、この文章のサブタイトルに（まえがきに替えて）という表現を付け加え、前半部分にではなく、本のど真ん中に位置付けたのである。

それやこれやの軋轢も、この本が発する衝撃波に比べれば、マグニチュードが１や２位違うものになるかも知れない。念の為言っておくが、マグニチュードが１違えば規模は35倍程、2違えば1000倍程違うことを承知の上で、マグニチュードという言葉を使用している。私がこの本を出版すれば、相当激烈な副反応があるであろうことは、百も承知、覚悟している。「出版界への革命宣言だ！」との反応であっても、「出版界へのテロ行為だ！」との反応に対してでも、受けて立つつもりである。その為の理論武装として、この文章を書いているのだから！

言うまでもないことだが、本書の縦書きの部分はメジャーを表現している。それに対して、横書きの文章・替歌・写真・イメージ喚起の文章等はオール・マイノリティーを表現している。マイナー勢力が寄ってたかって挑戦しても、メジャーに対してはこれが精一杯である。だが、シンメトリーへの挑戦はあくまでも試み続ける。それが私の心意気だと理解して頂きたい。何のことはない、陰陽思想・二元論じゃないか！って？　その通りである。この世界は正と反との相克で成り立っている。この両者をアウフヘーベンする私の弁証法が、この書物なのである。

3. 帰納法と演繹法

物事を考える場合、帰納法と演繹法の２つの思考方法があることは先刻ご存知であろう。念の為、私の手元にある用語解説を引用すると、「われわれの思考は、一般的な法則をもとにして特殊な事実を考える方法と、個々の特殊な事実から一般的法則を導き出す方法の２つに大別されるが、前者を演繹的、後者を帰納的方法という。哲学や宗教や芸術の分野では演繹的思考は重要な意味を持つが、自然科学は帰納的方法に基づかねばならない」と書かれている。久しぶりに、この用語集を確認した時、私は一瞬首をかしげた。日常感じる現実感覚は、逆のように感じたからである。私は西洋史学専攻卒である。歴史学とは、過去の事実関係を考察し、そこから教訓を導き出す学問であるので、極論すれば帰納法オンリー、演繹法が介在する余地などほぼ皆無の学問である、と思っている。それに対して自然科学で法則を導き出す場合、仮説を立ててそれを実験によって証明する学問で、優れて演繹法が幅をきかせている分野であると思っている。この用語解説の記述と現実感覚が正反対である印象を否めないのであった。この差異は何だろう？　何でこうなるの？　と不思議であった。やがて、この差は一般論と個別論の違いであろう、と思い当った。歴史学が特殊なのだ。歴史学以外の人文科学で、演繹法が重要であるのはその通りなのだ。そして、自然科学が帰納法的方法に基づくべきである事にも大賛成である。しかし、現実は果してそうなのか？　そうではないと、私は感じている。たとえばコロナウイルスに対する医学のアプローチは、試みと失敗の連続なのではないか？　仮説を立てそれを実験によって証明しようと試み、失敗しまた新たな仮説を立て実験する。これは一見帰納的アプローチのように見えるが、実は結構突飛な発想、すなわち演繹的アプローチが事の成否を左右する場合が幅をきかせている印象を感じるのは、私が門外漢故なのか？　ここで私が言いたいのは、帰納法的であるにせよ演繹的であるにせよ、案外というよりも常に、予断と偏見が幅をきかせているのが世の常であるのが現実なのではないか？　端的に言えば、「結論先にありき」の発想が幅をきかせている、というより支配しているのが大いなる矛盾というより誤謬なのだ！　政治の世界は言うに及ばず、あってはならない法曹界においても、誤審や冤罪が多発しているのはなげかわしい、「現実」である！　帰納法オンリーの世界で育って来た私にとって、帰納法はオールマイティーであり、唯一尊重すべき論理なのである。くたばれ演繹法！　ビバ帰納法！　今までも、現在も、これからも、私は帰納法と共に生きて行くことを、神にかけて誓うものである！

4. 神＝宇宙人説

私は基本的には唯物論者であり、科学を絶対的に信じている。また、キリスト教（聖書）における神の存在を、ほぼ肯定している。矛盾しているではないか！　唯物論と唯神論は相容れない！　論理が支離滅裂ではないか！とお思いかも知れない。私はそうは思わない。確かに両者の論理は相容れないかも知れない。だが、その両者を止揚する論理があると考えている。それが神＝宇宙人説である。何と突飛な！　そんなのＳＦ小説の世界での話じゃないか！　そんなの科学じゃない！と主張されるであろう。そうではない。ＳＦとはサイエンス・フィクションのことであり、サイエンスとは科学のことではないか！　ＳＦは科学的なのだ！　問題はフィクションなのかリアリティーの可能性がどれだけ存在するのか、の議論であるべきだ、ということである。

私は若い頃に大陸書房の『キリスト宇宙人説』の本を読んだ。そこで展開されている、「聖書のエゼキエル書は宇宙人との接近遭遇の記録である」「東方の3博士を導いた星の正体は、ハレー彗星ではなく、宇宙船であった」等の説や「宇宙人の痕跡」を地球上各地から捜し出す記述等は言いふるされているので、改めて述べない。私が独自に提唱したい説は、神とは地球上の人類よりワンレベル「だけ」高等な生物であると仮定するだけで説明出来ること、神は4次元をあやつる能力があったのではないか？　この2点の論点で神の全能性を説明出来るのではないか？と考えているのである。つまり、我々の既知の知識の延長線上に神の存在を意識している、ということである。

まず、人類のワンレベル上の生物を考えてみよう。人類よりワンレベル上の生物など想像出来ないであろう。私も想像出来ない。想像出来ないので、逆に人類よりワンレベル下の生物を考えてみよう。人類よりワンレベル下の生物とは、チンパンジーのことである。現在の科学で人類とチンパンジーのＤＮＡを比較してみると、97%程度（正確なパーセンテージは失念したが、97%程度であったことは間違いない）は共通で、違うのは、わずか3%程度だということである。言葉を換えて言えば、わずか3%程度のＤＮＡの違いだけで人類とチンパンジーの知能の差が生じる、という科学的事実である。この差異を逆方向へベクトルを伸ばしてみると、つまり、現在の人類よりわずか数パーセント高等なＤＮＡを所有する生物が居たとすると、その生物は、人類が評価すると、神のレベルの能力を持っている生物であるということになる。これこそ神の実態ではないか？と私は考えている、ということなのだ！

次に4次元をあやつる能力についてである。これも先程と同様に、4次元をあやつる能力は想像しづらい。ましてや5次元、6次元になると、理論上の概念であって、その存在すら想像出来ない。そこで同様にベクトルを変えて、我々人類が存在する3次元の世界から次元の低い2次元の世界のことを考えよう。たとえば机の表面のような真っ平らな平面に住み、前後左右のみに移動出来、上下のない世界にのみ生息する虫のような生物がいた、としよう。その生物を我々3次元の生物は、机の上を見渡すように隅々まで観察出来るが、2次元生物には我々の存在は見通せない。その2次元生物が移動中に天敵の他の2次元生物と出くわして、今まさに襲われようとしている。あわれに思った人間がその虫をつまみ上げ、他の場所に移動させた、とする。2次元生物にとっては、突然不可思議な力によって自分は瞬間移動し他の場所に移動してしまった。天敵にとっては、せっかくの獲物が急に神かくしに合って消滅してしまった。自分の知識では説明出来ない事象は、神によって起こされた超常現象だと解釈されるであろうから、2次元生物にとっては3次元生物は神であると信じられるであろう、と想像出来るという訳である。3次元生物が解釈する4次元生物も、神であると考えられるに違いない、と私は考えているのである。証明のしようがないから空想ではあるが、科学的な空想である、と私は考えるが、いかがであろうか？

つまり、ストーリーはこうだ。はるかかなたの惑星上に生息する4次元生物は、高度に発達した科学技術を有している。その生物は宇宙の隅々を瞬間移動しながらさらに見聞を拡げていたが、他の惑星の生物には一切影響を与えず、自らの存在の痕跡を残してはならないことを不文律としていた。有るとき、そのタブーを打ち破る時間旅行が決行され、太陽系の第3惑星に生育するサルの一種が選ばれて特別な進化を施された。プロジェクトは順調に遂行されていたが、ある時トラブルが起こりチームは２派に分裂して争うことになった。一方は実験生物を純粋培養し、悪徳が存在しない世界を創造してみようと考え、他の一方は生存競争を極限まで許容したカオスの世界を現出してみようとする派とに分裂し、争うことになった。自らを制御する方法を身につけている彼らおのおのには問題は生じないのだが、実験動物の行く末を案じた純粋培養派は、神という手法を用いて実験動物を導き修正を施すという方法を取り、手引書をも作成させた。「エデンの園」や「ノアの箱船」「ヨブのクジラ」「ヤコブやダニエルやペテロが落ち込んだ穴ぼこ」等４次元世界を連想させるバックアップを行ないながら、人類へと進化した実験動物を養い、いよいよ最終結着をつける戦いは目前に迫っていた。とすれば、辻つまはほとんど合わせられる、と考えている。何だ、スタートレックの世界じゃないか！とお考えであろう。その通り、スタートレックの物語は実に良く出来たＳＦであると思う。このストーリーが現実のものであり、我々人類が純粋培養生物としての発展を夢みる私である。荒唐無稽だと言われようと、地球人類のみが全宇宙の中の唯一の高等生物であり、孤立して一切ＵＦＯや宇宙人の来訪等は架空の物語であるとするような話よりは、はるかにリアリティーがある話であると、私は確信する。

このように考えると、私の比較聖書学の考え方も生きて来る。たとえばアブラハムがイサクをともなってモリヤの丘を昇る場面とイエスがゴルゴダの丘を十字架を背負って昇る場面。４次元を操作出来る能力を有しておれば、両場面を同時に比較調整出来ることになる。たとえば、両場面をそれぞれモニター画面で比較調整し、各個人の行動を制御出来れば、面白い出来事を作り上げることが出来る、という理屈になるのだ。仲々面白い考えであると、自画自賛している次第である。

5. 事実 vs 真実

私は大学で歴史学を専攻した。大学で学問を研究するということは、分野は違えどその分野の真理を追求するということであろう。ところが、歴史学となるとちょっと違った目で見られることが往々にしてある。というのは、歴史学が追求する真理とは、歴史的事実を材料とするからである。つまり、歴史学における真理とは、歴史的事実を明らかにすることとイコールだ、との誤解を与えがちである、ということなのだ。こういった議論は、事実＝真実という誤解に基づいている、と私は解釈している。

事実≠真実であることは簡単に証明出来る。嘱託殺人の例を出せば良いのだ。ある人物ＡがＢに殺された。これは厳然たる事実である。しかし、ＢはＣに依頼されて殺人を請け負ったのだとしたら、Ａを殺した真犯人はＣであり、Ｂは単なる実行犯であることになる。ＡがＢを殺したのは事実であるが、Ａを殺した真の犯人はＣである、というのが真実である。事実≠真実なのである。

テレビのドラマで、殺人事件を追う刑事がよく「真実は１つなのだ！」と叫ぶ場面を見て、私はその度に違和感を覚える。事実こそが１つではあるが、その都度新しい事実が発見され内容が修正される。真実は、立場が異なればまったく違う真実が並立して、どちらが正しいかの見極めは困難な場合が多い。というより、立場・歴史的評価の相違により、真実は複数ある場合があり得る。つまり、事実は客観的であるのに対して、真実は主観的なのである。

今の世の中、写真や動画が誰にでも収録出来る世情では、それらがあたかも真実であるかの扱いがまかり通っている。だが果して、本当にそうなのか？　それらは確かに事実ではあるが、真実を反映しているものなのか？　それらよりも、世相風刺の戯画・カリカチュアの方が、より真実を物語っている例が歴史の教科書に掲載されている例を、読者も御覧になったことがあるであろう。絵画や戯画に、大部分は虚構であっても、その中に評価するに値する真実が一部含まれている、そんな事も多いのである。

実例を挙げよう。ルーヴル美術館に展示されている「ナポレオンの戴冠式」の絵画は、館内最大級の絵である。小学生時代ナポレオンの伝記を読みこの絵の写真を観ていた私には、この絵画はその後の私の人生の中でも何度も目にし、記憶に焼き付いている。写真がまだ発明されていないこの時代の絵画として彼の絵画が評価される特長としては、戴冠式参加者個々人が平等に公平に描かれている事である、と私は考えている。これが写真であれば、その一瞬間に人の陰に隠れていて、ある人物それ自体が写っていなかったり、下を向いていたり、しかめっ面をしていたりと、不本意な写真を公にされて憤慨する人が必ず出るものである。その点では作者のダヴィッドは周到なデッサンを基に、主要な参加者個々人の個性を余すことなく描いている。つまり、この文章の内容に即した言い方をすれば、ダヴィッドはこの絵画に描かれた人物個々人の事実ではなく真実を描いたのである。

だが、彼の絵画には、明らかな虚構が含まれている。それは、画面左下の部分、列席者がゆるやかに左上に向って平行線を形成する終りに近い位置に艶然として微笑んでいる女性の存在である。この女性はナポレオンの母親レティツィアである。実は彼女はこの戴冠式には列席していなかったのだ。その理由は、いかにも母親らしい心配事、今絶頂にあるナポレオンもいつかは失脚する。そんなあわれな息子の姿は見たくないと、ナポレオンの戴冠に反対していたのだ。だが、そんなレティツィアを画面から抹消してしまったのでは、体面が保てなくなるので、ダヴィッドは止むなくレティツィアを画面に登場させているのである。

この絵画を一見して、その画面構成のアンバランスさに不審感を持つであろう。ノートルダム寺院の広々とした空間の下半分に、多くの人々がひしめき合っているのである。その中心に跪いて手を合わせているのが、皇后となるジョセフィーヌ、その斜め上方には、ナポレオンその人が今かぶせようとする王冠が輝いている。この絵画の中心に位置するのは、そのどちらなのか？　いや、ジョセフィーヌと王冠を結ぶその延長線上には、掲げられた十字架がある。そしてこの十字架は、この大きな絵画のまさに中心部分に描かれているのである。

伝記によると、ローマ教皇ピウス７世は、自らがナポレオンに冠を戴かせようとした。それをナポレオンは自らの手で受け取り、自らの頭にかむった。そして、ジョセフィーヌには彼自らの手で王冠をさずけたのである。ローマ教皇にとって戴冠式とは、聖なる者の代表者としての自分が、俗なる王や皇帝にその権威を授ける儀式、自らの権威を誇示する絶好の機会であるはずだ。それが、目的を果せなかったので、教皇は憮然とした表情で指を３本立て祝福しているのだ。ここに真実が表現されている、と私は見る。

ナポレオンがジョセフィーヌに王冠を与えている構図と同一の構図を、私はＮＨＫの美術番組で何度も観ている。それはその当時もてはやされた構図のようで、「聖母戴冠」と題された一連の絵画である。自らの生を終え天上に昇った聖母マリアが、天上において地上での功績を讃えられ、イエスより冠を与えられているという構図である。その構図がそっくりこの絵画に当てはめられている。すなわち、この絵画には、ナポレオンとジョセフィーヌとの間に誕生することが期待される子供を将来ヨーロッパ各地の王位に就かせ、ナポレオンはその父親である神の位置に匹敵する地位に就くという、とんでもない野望が込められている、と私は解釈する。それがこの絵に込められた真実なのである。同時に、ついにはジョセフィーヌとの間に子供をもうけることが出来ず、ジョセフィーヌとの離婚を余儀なくされるナポレオンの行く末を暗示していた、と読めなくもないであろうと私は考える。1つの絵画は、その中に込められた虚戯と真実、その象徴と暗示、様々なおもわくが込められ、絵画が成り立っている、と私は考える。これはほんの一例であり、様々な要素を分析する中で、その事実と真実を研究する学問が歴史学である、と私は主張するものである。

6. フラクタル宇宙論とモザイク人生論

この本の本編の基本コンセプトとして、私はフラクタル宇宙論とモザイク人生論を意識した。両者共、私が勝手に名付けた名称なので、説明する必要がある。

フラクタル宇宙論とは、神が天地万物を創造した際の基本概念は、別の文章で論理展開したシンメトリーとフラクタルな構造で成り立っているのではないか？とする考え方である。フラクタルとは、例えばギザギザの木の葉のギザの部分は、葉全体の縮小相似型になっている、という考え方である。つまり、太陽系のように太陽の周囲を惑星が周回するという構造と、土星の周りを衛星が周回する構造、陽子の周りを電子が周回する構造、銀河系の中心を太陽系が周回する構造、銀河団の中心を天の河銀河が周回する構造とがフラクタルな関係ではないか？　地球の構造がゆで卵に似ているのは、卵の周りを精子がうごめいている、地球の表面を生物が蠢いているのとフラクタルな関係なのではないか？と考える思考である、ということなのである。

モザイク人生論とはもっと単純で、人間の人生は行く川の流れのように連続している側面を見るより、その刹那刹那がモザイクのピースの積み重ねのようなもので、その幾千億幾京兆ものピースの積み重ねで人生が構成されているのだ、とする考え方である。その中の似た物同士を寄せ集めると、その人のある特徴的な人生を再構築出来るのではないか？　誰もがその人生の中に凶悪な一面や聖人の一面を寄せ集める事が出来る。私の人生のある時期の特殊なピースを集めたら、私は一時期アブラハムのごとく行動していた！と吹聴する事が可能だ、という事なのだ。そのことをもって私がアブラハムの生まれ変わりである、などと吹聴する気など、さらさら無いのだ。一度読者諸兄諸姉も、一度自分のピースを再構築し、自分の人生がアブラハムであったのだ、ナイチンゲールであったのだ、イエスであったのだ、などと誇大妄想を思いめぐらせるのも一興ではないか、と私は思う。その時あなたはきっと、自分の人生は無意味ではなかったのだ、と気付くことであろう。是非試みていただきたい。

さらに私の誇大妄想を披露すれば、聖書はその細部までそれぞれの聖句が章と節に細分化され、それぞれに番号が割り振られている。「歴史は繰り返す」とは聖書の特徴そのものを言っているのだ、と言っても過言ではない位、聖書の中には似た様な物語が繰り返し述べられている。これらの聖句を分類整理し、似た物聖句を色分けしコンピュータ処理が出来たなら、神が描いた精緻な絵画を再現させる事が出来るのではないか？と妄想をたくましくしているのである。その証拠になるかどうかは判らないが、旧約聖書と新約聖書とがかなり厳密な黄金比になっているのは、驚くべき発見であった！

声を大にして何度でも言うが、私の最愛のニャニャヒメ・ニャニャミは、神様が私に与えたもうた奇跡の娘・息子であった。その事実を信じない人達には、無理やりにでも、神様が私に娘・息子を与えたもうた物語をでっち上げてでも、信じさせる為にこの物語を書き下した、と言っても過言ではないであろう。他の神様仏様からバチを当てられてもかまわない。愛するとは信じることだ‼と思うから。これらの私の哲学の結晶が、この本であることを、ご理解頂きたい。

7. 終末論と黙示録
（最後の審判とは？　ハルマゲドンの戦いとは？）

本文の中で私は、「最後の審判は近い」とイエスさまに言わせているので、ここで黙示録の終末論について触れておかなければならないであろう。最近の天変地異の多発により、いよいよ終末が間近い、との認識が拡がりつつあるように思われる。では、その終末論の理解とは？　神の軍勢と悪魔の軍勢が、人類を巻き込んで真二つに分かれて、最後のハルマゲドンの戦いを展開し、最終的に神が勝利し、悪魔は滅ぼされるのだ、程度の理解しかされていないのではなかろうか？　ところが、事実はそんな生易しいものではない！　しからば、黙示録で述べられている終末とは、いかなるものか？　この文章で明らかにして行こう！

ハルマゲドンの戦いとは？

オウム真理教事件があったので、〝ハルマゲドンの戦い〟が最終戦争の代名詞としてすっかり有名になり、定着したかの感がある。しからば〝ハルマゲドンの戦い〟とは具体的に何をさすのか、定義はあいまいである。歴史学を専攻した私には、〝戦い〟というものは個々の戦闘行為であって、全体的な闘いを指すのであるならば、〝戦争〟という言葉を使用すべきである、と考える。従って神と悪魔との闘いは〝終末戦争〟であって、〝ハルマゲドンの戦い〟はその中の1つの戦闘行為であると理解すべきである、と考えている。しからば、〝ハルマゲドンの戦い〟とは、具体的に何を指すのか？　まず、〝ハルマゲドン〟の単語である。この単語は、黙示録に1カ所出て来る。黙示録第16章13節「わたしはまた、竜の口から、獣の口から、そして、偽預言者の口から、蛙のような汚れた三つの霊が出て来るのを見た。これはしるしを行う悪霊どもの霊であって、全世界の王たちのところへ出て行った。それは、全能者である神の大いなる日の戦いに備えて、彼らを集めるためである。（中略）汚れた霊どもは、ヘブライ語で「ハルマゲドン」と呼ばれる所に、王たちを集めた」とある。しかしながら、この王達が戦う「ハルマゲドンの戦い」は黙示録には明確に示されていない。にもかかわらず、何故最終戦争のことを俗に〝ハルマゲドンの戦い〟と言うのか？　それには訳がある。

3つの〝ハルマゲドンの戦い〟

〝ハルマゲドンの戦い〟は他にも2つあると私は考えている。

その１つは黙示録第12章７節～９節に書かれている。「さて、天で戦いが起こった。ミカエルとその使いたちが、竜に戦いを挑んだのである。竜とその使いたちも応戦したが、勝てなかった。そして、もはや天には彼らの居場所がなくなった。この巨大な竜、年を経た蛇、悪魔とかサタンとか呼ばれるもの、全人類を惑わす者は、投げ落とされた。地上に投げ落とされたのである。その使いたちも、もろともに投げ落とされた」。注解者によると、この事件は神によって人類が創造された直後の時期に天上で起こった戦いで、ルシファーという名前の天使長のトップ、すなわち神に次ぐ№２の存在が、アダムの存在に嫉妬して神に反逆を企てたものである、という。天使達の３分の２、すなわち66.6％が反乱に加担し、神の勢力は劣勢に立たされた。その時大天使ミカエルが決起し、形勢が大逆転した。ルシファーとそれに味方した天使達は堕天使として、地上へ堕とされた。ルシファーという名前に、何となく親しみを感じた人も居るかも知れない。生物学で、「ホタルはルシフェリンという物質にルシフニラーゼという酵素が作用して、ほとんど熱を出さずに光る」と教科書に書いてある。すなわち、ルシファーとは、自らが熱を出して光るのではなく、あたかも自らが熱を出して光っているかのごとく太陽の光を簒奪する金星（明けの明星）のような存在として聖書に記述されているのである。このルシファーが、イブとアダムをそそのかし、禁断の木の実を食べさせ、神よりその支配者としての地位を奪い取り、君臨しているのが、現在のサタンの実体である、とする説が有力である。

歴史上のハルマゲドン

ハルマゲドンとは固有名詞・地名である。その意味は、「メギドの丘」もしくは「メギドへ通ずる回廊」という意味らしい。

そのメギドとは、実際に存在する場所である。現在のガリリー湖の西方・地中海の近くにカルメル山という山が在る。その東南約20kmの地点に、聖書時代にメギドという都市が在った。この都市に地中海方面から到達するには、地中海側の山越えをするよりも、カルメル山の東側を流れるキション川の谷を経由して向かうのがルートであったようだ。その途中、カルメル山の東南麓・メギドへ向かう平原を舞台にして、歴史上有名な戦いがあったと聖書に記述されている。日本の戦いでイメージしていただくならば、天下分け目の天王山の戦いが、大山崎の合戦と称されるのと似かよっている。列王記上第18章に詳しく記述されている。それによると、預言者エリアはバアル神の預言者達450人程をカルメル山の麓に集めさせ、真の神が主なのかバアルなのかの決着を付けようとした。その方法として、一頭の牛をほふりたきぎの上に乗せ、そのたきぎに火を付ける事が出来た神を真の神とすることを提案し了承された。バアルの預言者達がまず朝から夕方までバアルの名をとなえ、ついには自らの体を傷つけて血を流しながら告い求めたが、ならなかった。次にエリアが主を求めると、なんと天より火が下っていけにえと薪とその周りの水をなめつくした。人々はそれを見て「主が神である。主が神である」と言ってひれ伏した。バアルの預言者達450人余は皆捕らえられて、キション川で全員殺された。当時のその近辺の人口規模から言って、かなりの大量殺人であったのは間違いない。古代の戦いでは、全面勝利か全滅殺りくかの二者択一なので、この結果は当然のことである。まさに「ハルマゲドンの戦い」の名にふさわしい一大決戦であった。ちなみに、信者を失ったバアル神はどうなったのか？というと、恐らく死滅はしない浮遊霊としてさ迷い、時々人に取り付いたりする。エクソシストが除霊する場合、必ず悪魔の名前を聞き出すのが手順となっているのは、キリスト教により放逐された霊が人に取り付いている場合が多いからである、と考えられる。私の記憶では、昔「妖怪大戦争」なる日本の映画が製作され、その第２作で西アジアから襲来する霊に対して日本の妖怪が団結して追い返すというストーリーである。荒唐無稽なストーリーの中に案外根拠のある内容が含まれているものである、と今さらながら思い至った次第である。

黙示録が記述された背景

先程の、天上のハルマゲドンの戦いのくだりを読んで、不思議に思われたお方もいらっしゃるであろう。黙示録は、これからの将来起こる出来事を記しているはずなのに、創世記時代に起こった天上の戦いを記しているのは何故か？　何故なのか、私にも判らない。言えるのは、黙示録は使徒ヨハネが島流しされたエーゲ海のパトモス島で見た幻を記述したものなので、起こった事件や事変が順序立ったものでも、何を象徴しているのかも、その内容が正確なものかどうかも、まったく不明であることなのだ。私は過去に、黙示録を解釈する学習会にも参加したことがあるし、解説本も読んだことがある。この文章を書く為に、改めて２回通読したが、正直言ってまったく理解出来ない部分が多い。島流しされている中で綴った文書であるが故、わざと内容を象徴的に難解にしていることもあるのかも知れない。という訳で、黙示録を解説するということは、一種の夢解きの類いであり、後になってみて初めてその正しいか間違っているかの判断が出来る、と考えておいた方が良さそうだ。それでもなお黙示録が重要視されるのは、聖書に記述されている内容が、黙示録以外の他の文書においてはことごとく実現している。だから黙示録に書かれている内容も実現するに違いない、という論法だからである。だが、この論法に対して私は異論がある。その詳しい内容については、別文章で述べているので、そちらをお読みいただきたい。

至福千年王国とは？

では、イエス・ミカエル軍がサタン軍に勝利した後のなりゆきについて述べよう。これが一筋縄では行かないのだ。先に述べたように、サタンは不死なので、正規軍の勝利とは「竜を取り押さえ、千年の間縛っておき、底なしの淵に投げ入れ、鍵をかけ、その上に封印を施して、千年が終わるまで、もうそれ以上、諸国の民を惑わさないようにした」のである。その後にサタンに屈服せず死んでいた者達が生き返って、キリストと共に千年の間統治するのである。これが第一の復活である。この千年間のことを至福千年王国という。この考え方を私はこの本の中で応用した。天使コロナによって復活する新型コロナ犠牲者はサタンの陰謀によって犠牲になった人々であるので、第一の復活にあずかる権利を有しているのである。人々は今、天上で神・キリストイエスと共に千年の間統治する日を待っている。コロナ犠牲者を身内に持つ人々は、選ばれた者を身内に持つ栄光となぐさめを抱いて、希望と誇りを取り戻していただきたいと思っている。私はその為にこの本に天使コロナの物語を追加したのだ！

私は西洋史学の通史の本で、中世末期のヨーロッパで、至福千年王国説をとなえる人々が居た、と読んだ。どうやらこの説の主張は、神は6日間でこの地上の全てを創造し、7日目に休まれた。この1日を1000年間と変換すると、現在は創世記よりおよそ6000年がたとうとしている。故に至福一千年はもう間近である、との主張であったようだ。日本の末法思想とよく似かよっている。面白いことには聖書には、アダムから始まり、その代々の子孫が何歳まで生きたかを事細かく記録に残している。この年数を順に加えて行き、歴史上の年代がほぼ明らかになっている、例えば出エジプトの時代と比定すると、天地創造の年代がいつであったかが判明する。面白いことに、その試算によると、現在が天地創造から6000年直前であると出るのである。つまり、聖書年代学的に言うと、現在は終末の時代、千年王国の直前であることになるのだ。

サタンの敗北と最後の審判

至福一千年が終了すると、サタンはその牢から解放され、軍勢を整えて攻め上って来る。「すると、天から火が下って来て、彼らを焼き尽した。そして彼らを惑わした悪魔は、火と硫黄の池に投げ込まれた。そして、この者どもは昼も夜も世世限りなく責めさいなまれる」これでやっと決着がついた。それから最後の審判が始まるのである。ここで注意しなければならないのは、最後の審判とは、死者達をよみがえらせて行なう審判のことであるということである。生者を裁くのではない。最後の審判にあずかるには、どのみち一旦は死ななければならない。悪魔の申し子である現在の我々は、やはり一旦は死ななければ再生出来ないのであろう。しかし、復活した人々には「もはや死はなく、もはや悲しみも嘆きも労苦もない。最初のものは過ぎ去ったからである」そんな世界が待っている。それはかなり先になる。だが、確実にやって来る、と黙示録は述べているのである。そして、直接の言及はないが、全ての人間以外の生物もこの例外ではない。すなわち、新世界は、ノアの箱舟の拡大された再来であると、私は考えているのだ！

8. ニャニャミと比較聖書学

本文で書いたように、ニャニャミの葬儀で私は聖書の一節を朗読した。あらかじめ用意していた一節ではあるが、その聖句は私の聖書理解にとって最も重要な大切な一節であるので、そのことに触れておこう。

私は、キリスト教の神について、抜き差しならぬ不信感を抱いていた。どういった不信感かと言うと、イエスの磔の場面である。イエスは十字架の上で、神に向って叫んだ。「エリ、エリ、レマ、サバクタニ」。この言葉はユダヤ人が多く使っていたヘブル語ではなく、ガリラヤ地方の方言である西アラム語であったらしく、ギリシャ語の原文で書かれていた新約聖書にも、原語そのままに記述されている。その意味は、「わが神、わが神、何故私をお見捨てになったのですか」という意味らしい。これは、旧約聖書詩篇の一節を朗唱しかけて、途中で途切れてしまったのだ、と解釈する説もあるようだが、一般には神に従ってしぶしぶ十字架上で死んでいったイエスの最後の嘆きである、とする解釈が流布されている。イエスの問い掛けに神は答えなかった。何故なのか？　今まさに十字架上でさびしく死んで行こうとしている我が子に、最後の言葉も、あわれみの情も示さなかった神、これが神の行為なのか？　私はクリスチャンではない。だから、クリスチャンの最も尊い行為である人を許すという行為が出来ない。だから、神を許せない、許さない！　新約聖書に書かれている記述には、イエスの死の直後、神殿に雷が落ち、幕が真二つに裂けた。人々はそれを見て、「この人は本当に神の子であった」と叫んだ、とだけ書かれてある。この程度なのか？　神のなげきはこの程度なのか！　全知全能の神が成す技はこの程度なのか？　全知全能の神であるならば、聖書の他の部分に、イエスの十字架上の嘆きに答える位の芸当が出来て、それが記述されている、そんな部分があっても、不思議ではないと私は考えた。捜してみた。あった！　2カ所、旧約聖書にそれらしき記述があったのだ！

その1つは、創世記第37章第34節である。ヤコブの子ヨセフは、兄達の奸計により、穴に投げ込まれた。兄達はヤコブに血の付いたヨセフの着物を見せ、ヨセフが死んだと思わせた。それを見たヤコブは、「自分の衣を引き裂き、粗布を腰にまとい、幾日もその子のために嘆き悲しんだ」とある。先に私が記述したように、落雷で神殿の幕が真二つに裂けたのは、このことと対応している。神は自分の衣を引き裂いて、イエスの死を嘆いたのだ！

もう1カ所が例の聖句なのである。この聖句は、サムエル記下第19章にある。ここにある王とはダビデである。ダビデ＝神は、アブサロム＝イエスの死を、「自分が代って死ねばよかった」とまで言って悲しんだのだ！　この聖句は偶然私が発見しただけで、そこまで神と結び付けるのは大げさだ、とお思いか？　そうではない。断じてそうではない！　その証拠をお見せしよう！

サムエル記下第16章から第18章に、ことのなり行きが記述されている。それによると、①ダビデ王の息子②アブサロムは、ダビデに反旗をひるがえして兵を挙げた。ダビデの友フシャイはアブサロムのもとに来て、③「王様万歳、王様万歳」と言った。だが、結局アブサロムは闘いに破れて落ち延びる最中④樫の大木にひっかかり⑤宙づりになった。彼が乗っていた⑥らばは⑦そのまま走り過ぎてしまった。兵の一人がそのことをダビデの側近のヨアブに知らせた。その時ヨアブは「なぜその場で地に打ち落とさなかったのか。⑧銀十枚と革帯一本を与えただろうに」と言った。⑨ヨアブは棒を⑩三本手に取り、アブサロムの心臓に突き刺した。彼らはアブサロムを⑪森の中の大穴に投げ込んだ。これらの事をダビデに知らせる為に⑫クシュ人は走り去った。⑬アヒマアツもその後を追って走り出し、途中で⑭クシュ人を追い越した。彼等2人の話を聞いてダビデは嘆いたのだ。つまり、ダビデは、反乱を起こして自分を殺そうとした我が子が死んだのを聞いて、嘆き悲しんだのだ！　だが驚くのはまだ早い。新約聖書に驚くような話が記述されている。

新約聖書の中には、イエスの伝道を述べ伝えた福音書が4つある。その中のマタイ伝・マルコ伝・ルカ伝は、多少の相違はあってもおおむね内容が一致している。共通のテキストを借用した形跡も見られるところから、共観福音書と呼ばれる。それに対してヨハネ伝は、記述の内容が他の共観福音書とは大幅に相違する。成立年代が一番後であるにもかかわらず、内容が一番正確であると多くの研究者が考えている。私が学んだ牧師の説明では、共観福音書が事実を述べているのに対し、ヨハネ伝は神の霊感に基づいた真実を述べているのだ、という不可解な説明であった。それはともかく、ヨハネ伝にはイエスの逮捕、磔についてこう書かれてある。

①神の子である②イエスは捕らえられ、ピラトに引き渡された。兵士達は彼を③「ユダヤの王、万歳」と言って、平手で打った。そして彼を④十字架に⑤磔にした。⑨1人の兵士が鎗でイエスの脇腹を⑩刺した。すぐに血と水が流れ出た。イエスを十字架から下したアリマタヤのヨセフとニコデモは、近くの⑪新しい墓にイエスを納めた。日曜の朝マグダラのマリアから、イエスの死体がなくなった事を聞いた⑫ペテロと⑬もう1人の弟子は走って行ったが、もう1人の弟子がペテロを⑭追い越して先に墓に着いた、と書かれている。私が番号を付けた①〜⑭

のうち実に11カ所が2つの物語で対応している。更に他の福音書には、イエスと共に居た⑥弟子達はイエスが捕らえられると、皆その場を⑦逃げ出してしまった。弟子の1人ユダは⑧銀貨30枚でイエスを裏切った、と書かれている。私のかぞえ方で14カ所も内容が対応する2つの物語、これはもはや別個の物語ではなく、劇で言えば、同一の物語を別の作者が書き直した、もしくはいわゆる翻案であると言っても過言ではないとさえ思われる。新約聖書編さんの段階で、あえて共観福音書とは別個のヨハネ伝を加えた意図が、ここに明白に見て取れると私は考えている。そして、イエスの死を聖書の神がいかに嘆き悲しんでいたのかも証明されたと、私は考える。ここにおいて、この聖書研究は単なるタイポロジー（予型説）ではなく、構造的聖書学もしくは比較聖書学とでも呼ぶ内容に進化したと私は考える。

比較聖書学の例をもう1つ出そう。これも本文で述べたように、モリヤの地でアブラハムがイサクをいけにえとして捧げようとした話とイエスの磔とは2000年を隔てた同一の物語である。神とアブラハム、イエスとイサク、エルサレムとモリヤの地、ヴィアドロローサ（悲しみの道）と山道、十字架といけにえを捧げるマキとが対応している。だが、2つの物語には、大きな相違点が2カ所ある。

1つは、イエスは十字架上で死んだのに、イサクは犠牲を逃れ、身代りの小羊がいけにえにされたことである。この2つの物語が同一であるのならば、イエスは十字架刑を逃れたことになる。そんな可能性はあるのか？　ある！　2つの可能性が考えられる。1つは、十字架にかけられたのはイエスではなく、替え玉であった、とする考え方。そんな事が有りうるのか！　有りうる！　イエスには4人の弟が居たらしい。当然全て聖母マリアの子供である。顔が似ていて当然である。その中の１人を身替りにしても誰も気付かないであろう。拷問を受け、顔付きが変わっていたのだから。もう１つは、イエスは十字架上で仮死状態であったのを、アリマタヤのヨセフとニコデモの必死の蘇生法によって蘇ったのだ、とする説。恐らくイエスと近い関係にあったエッセネ派が得意としていた蘇生法であるらしい。

では、蘇ったイエスは、その後どこへ行ってしまったのか？これも２説ある。１つは、小説『ダ・ヴィンチ・コード』にも取り上げられたように、マグダラのマリアと共にヨーロッパ方面へ逃げ、その子孫が現存する、という説。イエスとマグダラのマリアは子供をもうけ、その名はサラと言うとか、双子がいて、名はタマルとイエスと言ったとか、まことしやかな説が述べられている。私は以前、日本のテレビ番組で、イギリス在住でイエスの子孫であると噂される人物がインタビューに応じている番組を視て、録画している。

もう１つは、東のインド方面に聖母マリアと共に逃れ、インド北部カシミール地方で布教し、その地で亡くなったとする説。現在のパキスタンに、マリアとイエスの墓が現存すると言う。そのことを記述した本は、ヨーロッパでベストセラーになり、37の異なる言語に翻訳されて、世界中で400万部以上売れている、とのことである（『イエス復活と東方への旅』たま出版、2012年刊）。そもそもイエスがカナンの地で布教したのはわずか４年間程であり、その前後は主にインド方面で活躍し、現地の仏教寺院やイスラム教徒の間で伝承されている、とのことである。

もう１つの相違点は、イサクがアブラハムに導かれてモリヤの丘の頂へと道を辿ったのに対して、イエスは１人さびしく十字架を背負いヴィアドロローサを登って行ったという点である。

いや、イエスは１人ぼっちではなかった！　その側には、イエスに寄り添い、張り裂けんばかりの悲しみを抱いて共に歩む神の姿が在ったのだ！　他の人々にはその姿が見えなかったが、イエスにははっきりとその姿が見えていた。その神に励まされ、一歩また一歩イエスはヴィアドロローサを歩んで行ったのだ！　その事に思い至った時、私の涙腺は破裂した。涙が止めどなく流れ続けた。私は聖書の神に謝罪しなければならない。イエスに対する親としての博愛の欠如をなじった事をあやまらなければならない。そんな気持ちであった。

だが、話はこれで終らなかった。神からのしっぺ返しが始まったのだ。それがニャニャミとの出会いであった。神は不可能を可能に変え、私に最愛の息子を与え賜うた。その息子はいずれ親より先に死ぬ運命にあった。その時、親のお前はどんな態度を取るのだ？　お前の親としての態度が当然問われる、と。その私なりの解答が、ニャニャミの葬儀の時に私が朗読した聖句であったのだ！　この聖句を朗読出来て、私の心は晴れ晴れとしていた。神が私に与え賜うた最愛の息子を、つつがなく神にお返し出来た事を誇りに感じていた。そして今私は、この文章を書き、この本を出版し、私の人生の中で、１つの大きな義務を果し終えようとしている事に満足感を感じているのである。

替歌賛歌

イントロダクション　替歌とは？

　私は前回の本の出版直後、すなわち以前より、替歌に関する文章を書きたいと考え、準備をそれなりに進めて来た。前回の本にあれだけ沢山のオリジナルの替歌を載せ、出版したのだから、替歌に関する持論を述べても許されるであろう、いや述べなければ自らの立ち位置を明確に出来ない、と考えたからである。だが、その文章はそれなりに慎重な筆運びが必要であると意識していた。何せ、本邦初の試みなのであるから、と思っていた。だが、それは思い込みである事が判明した。最近になってから初めて、書店で替歌に関する本格的な研究書が存在することを知った。しかも、今世紀の初頭より３冊、『替歌研究』・『替歌・戯歌研究』・『時代を生きる替歌・考』を著された有馬敲氏の著作である。その膨大な過去の替歌群の多さに圧倒された。その大部分が、替歌は元より、その元歌さえ私の知らない過去の作品群であった。その圧倒的な迫力に驚くと共に、それらを収集し白日の元に日の目を与えられた有馬氏に対して、深甚なる敬意を表する。これ以上に私の文章を付加する事など、真に屋上屋を架するようなものであるとの感を否めないのであるが、若干有馬氏と意見を異にする点がある。その相違点は、お互いの立場の相違に起因するものである、と私は考える。すなわち、客観的な研究・評論の立場と、自らが替歌を創作する主観的・実戦的・希望観測的な立場に起因する所が大である、と考えるものである。従って、私はこの文章の中で、有馬氏の著作である『替歌・考』の論を引用しつつ、私の主張を付加するという、ある意味替歌を論じるに「ふさわしい」・「本歌取り的」文章を展開して行きたいと考える。本文のタイトルは、当初「替え歌学事始め」とする予定であったが、「替歌賛歌」としたのは、有馬氏の主張である元歌に対する替歌であるので、送り仮名無しで替歌とする主張に賛同すると共に、替歌の将来・未来を祝福する賛歌にしたいという語呂合わせを意図したからである。これは、「替え歌」という表現に慣れていた私が、有馬氏の「替歌」という表記を「賛歌」と読み違えて、首をひねったという事実に由来するものである。

さて、まず最初に替歌の定義であるが、『替歌・考」のあとがきで、有馬氏はこう記述する。「替歌は一般によく知られた歌のメロディや曲節にべつの歌詞をあてはめた戯歌であり、それらのほとんどは作者不詳のまま、口から口へつたえられていく場合が多い。したがって元歌のようにその歌詞は一定せず、時と場所によって異なり、ときには断片的な歌詞や尻切れトンボの替歌も見うけられる。

しかも替歌は、替唄、替文句、換唄、節かわり、転用、はめ込み、借曲、贋作、盗作、海賊版など、さまざまな呼び方がされてきたが、そこには非芸術的、下品、二番せんじ、娯楽的、とさげすまれた意味がこめられていた。しかし、そのような替歌をひとつひとつ見ていくと、それぞれ異なる面を持っている。政治、社会、風俗への時事的な諷刺、パロディ、言葉遊び、ナンセンス、春歌、笑歌、コマーシャルソングなどなど。（中略）これらの諸相をまとめて、サブカルチャーとしての替歌を考えることができるだろう。裏の文化、タブーの文化、日陰の文化としての替歌。」（同書 254 ページ～ 255 ページ）よくもこれだけネガティブな文句ばかり並べられたものだと感心する。だが、それが一般的な替歌のイメージである事は厳然たる事実である。だがしかし、それが正確な替歌の実体であり、定義であるとしたら、余りにも替歌が可哀想であり、正確な実態把握ではないと私は主張したい。私の解釈では、本来「歌」とは、いわゆるメロディーと歌詞とが相まって成立するものである、と考える。従って、ポエムは詩であって、歌ではない。演奏は曲であって、歌ではない、のである。このメロディーか歌詞の一方が元の歌とは大きく相違している歌が替歌だ、と考えたいのである。こう定義すると、替歌のイメージがかなり変化する。これをヴィジュアル的に判別し易いように、グラフで図示してみよう。

普通の歌

	メロディー	歌詞
元歌	A	B
替歌	×	×

典型的な替歌

メロディー	歌詞	
A	B	元歌
A or A ’	D or D’ （E・F・G）	替歌

普通の歌はメロディーも歌詞も一種類のみで他のメロディーも歌詞も存在しない。それに対して典型的な替歌の方では、メロディーは一種類のみか、若干の部分的バリエーションが存在するのみで、ほぼ同一と見なす事が出来る。歌詞の方は、元歌とはまったく別種の物が発生している。場合によっては、類似の歌詞や別種の歌詞が複数発生する場合もある。別に図示する程の事もない、ありふれた常識的な図であろう。だが、問題はこれらの典型例に当てはまらないケースなのである。

図１

	メロディー	歌詞
元歌	A	×
替歌	A’	D and E

図１はメロディーのみの元歌に後に歌詞が付けられたケースである。元歌に歌詞は無かったが、後世に新しく歌詞が作詞された場合。これはやはり替歌であろう。そんな例があるのか？　ある！　Ａはベートーベンの「エリーゼの為に」、Ｄは「情熱の花」、Ｅは「キッスは目にして」である。これら以外に「レモンのキッス」・「ジュピター」・「モンカフェのコマーシャルソング」等が当てはまる。

図２

	メロディー	歌詞
元歌	×	B
替歌	C and D	B

図２は元々詞のみが存在したものに、後に曲を付けたもの。曲が１曲で作詞者の了解が在れば替歌ではないが、曲が複数存在すれば、やはり後の曲は替歌になるのではないだろうか？　そんな例が在るのか？　在る！　Ｂはゲーテの「野ばら」の詞。ＣとＤはシューベルトとウェルナーの「野ばら」の曲。この詞には150以上のメロディーが付けられたというから驚きである。

やはりゲーテのネームバリューは群を抜いている。これらの曲は、もはや「替歌」という、後ろめたい範ちゅうをはるかに凌駕している。島崎藤村が創ったかの有名な「初恋」の詩に曲を付け、舟木一夫が歌いレコードが出された「初恋」の歌は、藤村の了解を得ていないので、替歌である、と言わざるを得ない。

図３

	メロディー	歌詞
元歌	A	B
替歌	A	D

図３は元歌が外国曲の場合である。訳詞が元歌と同じ意味なら、替歌ではないが、まったく違う詞なら、やはり替歌であると言える。「螢の光」など結構例は多いであろう。日本歌謡大賞（1979年）を取った「ヤングマン」はこれに当てはまる。「カントリー・ロード」の元歌の一部に詞を付け有名になったラグビー日本チームの応援歌「ビクトリー・ロード」も該当する。

図４

	メロディー	歌詞
元歌	×→C	B or B’
替歌	C	D

図４は、元歌の歌詞を基に変型した歌詞、つまり本歌取りの歌詞の方に曲を付けたもの。「本歌取り」は、和歌に付けられた名称ではあるが、実体は替歌である。日本国国歌「君が代」がこの例に当てはまる。同書第十五章『君が代』替歌の変遷、の章で有馬氏は、「『君が代』の歌詞の原型は、一〇世紀初め、『古今和歌集』巻七に『我君はちよにやちよに……』と出ており、『古今和歌六帖』には、「我が君は千代にましませさざれ石の……」と出ていて、いずれも「読人しらず」である。現行の歌詞は『和漢朗詠集』（一一世紀初め）で登場した。同じく「読人しらず」である。」と記しておられる。「君が代」が替歌であるのは明らかである。こういう風に述べると、替歌のイメージはかなり変わって受け取れるであろう。日本という国は、外国の曲であっても、その内容をしっかり日本独自の歌として消化吸収し改変し、自らのものとして受容し、日本独自の詩の形式である和歌の本歌取りの歌（替歌）を、日本古来の雅楽で演奏し、おごそかかつ荘厳に歌い上げる、世界でも稀な国歌を持つ国民なのである。

私は大学時代、アメリカ・インディアンの研究をし、レヴィ・ストロースの本も読んでいた。彼の文章には、アメリカ・インディアンの神話を構造的に図示したものがよく登場した。何のことはない簡単な図ではあるが、彼の論旨を端的に示す事に貢献していた。私はこの手法をこの文章に応用した。いわば、私の分析は構造主義的替歌分析法なのである。これは聖書研究に最も効果的なのであるが、その具体例は私の他の文章で披露しているので、そちらをお読み頂きたい。

第１番　過　去

さて、替歌はそもそもいつの時期に発生したのであろうか？　正確には判らない。推測するしかない。私の推測によると、大部分の替歌の発生は、元歌の発生からさほど時間が経っていない段階で既に発生していたであろうと、常識的に考える。すなわち、元歌とでも言うべきものが形造られ、それが周辺へ伝播する初期の段階で既に元歌は変成し、多くのバリエーションが生まれて来るのが自然の成り行きであろうと考えられる。人間は事あるごとに集い、火を囲み、酒をくみ交わしながら歌を唄い、お互いの感情を分かち合う。それが人間としての自然な、有るべき姿である、と考えるからだ。それらの歌のバリエーションは離合集散を繰り返し、やがて多くの人々に唄い継がれる歌へと発展して行ったのではないだろうか？　それが一般民衆の歌・民謡の起源であろうと私は考える。すなわち、替歌はそもそも民衆の歌の中で大きな役割を果たす、メジャーな流れの中に存在していた、と考えたい。そうして現存する日本の民謡の数が２万曲を数える、と有馬氏がその著書の中で述べられていることに驚くとともに、その著書の『替歌研究』・『替歌・戯歌研究』の中で紹介されている多くの燦然たる替歌を眩しく見つめ、思わず「世界に一つだけの花」の替歌を創ってしまった。

♪研究書の中に並んだ
　　　　色んな替歌見ていた
　人それぞれ好みはあるけど
　　　　どれも皆素敵だね
　この中でどれが一番だなんて

　　　争うこともしないで
本の中皆誇らしげに
　　　ちゃんと皆並んでる
それなのに僕ら凡人は
　　　どうしてこうも比べたがる
頑張って作られた替歌なのに
　　　どうして差別したがる
そうさこれらは　日本で一つだけの歌
歌われる為に作られたんだから
ナンバーワンに成らなくても良い
　　　元々特別なオンリーワン♪

そんな替歌が、どうしてマイナーな存在へとその地位を低め、転落して行ったのか？　それは、政治権力が確立されて行く事と無縁ではないのではないか？と私は考える。すなわち、一部の人間が次第に権力を獲得して行く過程において、その権力を補強する手段の１つとして、歌舞音曲が権力者の庇護の元、少数の〝専門家〟によって創作流布され、固定化されて行ったのではないか？と勝手に想像している。この段階で替歌は、好むと好まざるとにかかわらず、反権力的性格を帯びて行ったのではないか？　反権威主義者の私は、どうしても希望的にそう思ってしまう。その傾向は、中央集権化と権力側のプロパガンダの力が強まった明治時代以後さらに強まったのではないか？と私は考えている。その強力な武器として、活動写真すなわち映画、ラジオ、レコードすなわちマスコミの発達が寄与したのではないか？　有馬氏が述べているように、権力側からの抑圧が強まる戦時中や、反戦ムードが高まったベトナム戦争の時代に優れた替歌が多く出現したのもむべなるかな、と考えるのである。

『替歌・考』の中で有馬氏は、現在元歌として大方の人々に認知されているであろう歌が、実は替歌である事を明らかにされている。私は1948年のベビーブーマー・団塊の世代であるので、私にとって親しみのある歌を例示しよう。「メーデーの歌」、「ラバウル小唄」、「汽車ポッポ」、「螢の光」、「お玉じゃくしは蛙の子」、「ヨサホイ節」、「受験生ブルース」、「自衛隊に入ろう」、「主婦のブルース」等である。

私はアメリカ史専攻であったので、「お玉じゃくしは蛙の子」の元歌を知っていた。元々は「ジョン・ブラウンの屍」という歌であったようだ。アメリカ映画「ニュートン・ナイト」で黒人投票権の行使を求めて黒人達がこの歌を唄いながらデモ行進する場面が出て来る。日本の替歌の「お玉じゃくしは蛙の子」を「ジョン・ブラウンは畑に行った」等と当り前の行為をした事を単純に歌うことによって、黒人の平等を求めた歌であると私は思った。このジョン・ブラウンは逃亡奴隷で、南北戦争のきっかけを作った人物だと言われている。この歌を、特にシャーマン将軍率いる北軍が、テーマソングとして盛んに歌っていたらしい。シャーマン将軍は現在でも、特に南部では悪名高い将軍として忌み嫌われている。映画「風と共に去りぬ」で、アトランタ近郊のプランテーションが無惨にも焼け落ちる有名な場面を覚えているお方もいらっしゃると思う。あの焼き打ちを仕掛けたのが、シャーマン軍である。シャーマン軍は焼土作戦を得意としており、進軍先を徹底的に焼き尽した。これは、現在のアメリカ軍の作戦に受け継がれている、との説もある。「シャーマン軍の通り過ぎて行った場所では、カラスもその上空を飛ぶ時、弁当持参でなければ飛べない」と当時の人々は噂した、とアメリカ史の本に書かれているのを、私は読んだ事がある。こんな話を何故詳しく書くのかと言うと、現在でもこの出来事が大きく影を落としているからである。シャーマン軍の「ジョン・ブラウンの屍」はその後「リパブリック賛歌」として大々的に歌われるようになった。その替歌が「お玉じゃくしは蛙の子」なのである。シャーマン将軍の悪業は、アメリカ南部の人々に徹底的に嫌われている。南部、特にアトランタで不用意に「お玉じゃくしは蛙の子」を口ずさみでもすれば、身の安全は保障されない、ということなのである。実際に私は、本多勝一氏の本の中で、彼が南部で何気なく「お玉じゃくしは蛙の子」を口ずさんだ時、友人の南部人から、「その歌だけは二度と歌わないでくれ」と泣きながら懇願されたという、もっともらしい話を読んだ事がある。

「受験生ブルース」、「自衛隊に入ろう」、「主婦のブルース」が替歌であったことは、新鮮な驚きであった。何故なら、これらの歌は、私と同世代の人達が造り上げたものだからである。と同時に、替歌の果たす役割をある意味で良く象徴していると考えられるからである。すなわち反戦反体制としての役割である。ご存知のように、これらの歌は、ベトナム戦争反対の世界的潮流の中で、一種のブームのように突然盛り上がったフォークソングの中でも、いわゆる関西フォークで歌われた曲であるからである。彼等の力量もあったであろうが、反体制の象徴として、民衆の歌・フォークソングをお手本にして、その替歌を選択したのであろう。この流れは、アメリカのフォークソングだけでなく、「坊や大きくならないで」のようなベトナムの歌、「竹田の子守唄」、「コキリコの唄」などの日本の民謡にも目が向けられた。この世代は、改めて本来民衆の物であった民謡・フォークソングに目を向け、既成の音楽文化に新鮮な息吹きを導入したものである、と私は評価する。

もう1つ、私は有馬氏の本の中で注目すべき項目に目を引かれた。それは、太平洋戦争の戦時中に発行された「特高月報」を発見・発掘され公表されたこと、である。「特高月報」なるものの存在を知らなかった私には、その存在と果した役割を想像するにつけ、いかに権力側が一般民衆を抑圧し、取り締まりに目を光らせていたかを省みるにつけ、暗澹たる想いであった。有馬氏の本には、「日中戦争が始まり、特高警察は従来からの日本共産党、労働運動、農民運動などの取り締りに加え、反戦・反軍的活動の取り締りに目を光らせた。わたしが手にしたこのころの『特高月報』の「凡例」には、次のように記されている。一、共産主義運動　一、無政府主義運動　一、水平運動　一、国家（農本）主義運動　一、無産政党運動　一、労働運動　一、農民運動　一、朝鮮人運動　一、宗教運動　一、其の他の運動　一、消費組合運動　一、借家人運動　一、其の他　これらの月報の中には、不敬、反戦不穏、厭軍などの言葉が記録されている。媒体には、投書、落書、歌詞、歌詞落書、歌謡、ビラ、文書、字句など広範囲である」（同書42ページ）まさに広範、あらゆる一挙手一投足が監視されている様を想像して、窒息する想いであった。同書には、反戦反軍の替歌が多く示されているが、涙を飲んで割愛する。ただ私に出来ることは、頭を垂れて先人に想いを致すことのみである。

私はいつ頃から替歌を意識し始めるようになったのか？　今振り返ってみると、恐らくそれは「ジンジロゲの唄」だったのではないか？と思う。私の本名が次郎なので、よく周りから冷やかされた記憶がある。母親が家でこの歌を、森山加代子が歌うよりかなり前から、歌っていた。その歌は、「ジンジロゲやジンジロゲ……」以下のサビの部分で、冒頭の部分の歌詞は歌っていなかった。恐らく、このサビの部分のみが一般で歌われていたのを、レコーディングする際に、短か過ぎるので、前半の部分を付け足して作詞・作曲されて出来上ったのが、レコードの「じんじろげ」ではなかったろうか？　曲調も、前半と後半とでは、取って付けたような違和感を感じる。そうであるならば、一般で歌われていた「ジンジロゲやジンジロゲ……」が元歌で、レコードの歌は替歌だ、ということになる。ともあれ、この歌は結構ヒットしたので、テレビの漫才等で、「ヒラミヤパミヤ…」の部分を「シラミヤノミヤ…」としたり、「ヒッカリカマタケワイワイ」の部分を「しっかり釜炊けわいわい」と言い換えたりしていたのを記憶している。

「幸せなら手をたたこう」

この歌も、坂本九がレコードを出す以前から、バスガイドが歌っていたのを記憶している。バスガイドは仕事柄、よく民間で歌われている歌に接し、それを広く普及させる役割を担っている場合があった。歌の構成からして、色んなバリエーションが付加され、歌の幅を増加させていたであろう事が推測される。後に、同じく坂本九が歌った「上になったり下になったり、チョウチョって良いな良いな」という歌「蝶々」も、早くから友人が歌っていた。後程発売禁止になったそうだ。

「大学数え唄」

守屋浩が、バックバンドを巻き込んで、掛け声を掛けさせていたのが印象的であった。歌の途中の「○大生」の○の部分が伏せられており、元歌では○の部分に当然大学名が入っていたであろうことが明らかなので、これは替歌である。

大学が立命館であったので、「チンダラホンダラ学校さぼって四条に出たら　高島屋のお姉ちゃんが横目でにらむ　やりた

いなやりたいな　やりたいやりたいやりたいな　高島屋のお姉ちゃんと　お勉強やりたいな」という歌は聞いていたが、この歌の元歌が「熊彫りさん」という由緒がある歌だとは思わず、単なるザレ歌だと思っていた。

恐らく立命館独自の替歌として

♪一、ドングリコロコロ　ドングリコ
　　御池を回って　今出川
　　同女が出て来て　コンニチワ
　　立っちゃん一緒に　遊びましょ
　二、立っちゃんニコニコ　喜んで
　　しばらく一緒に　遊んだが
　　やっぱり京女が　恋しいと
　　泣いては同女を　困らせた♪

これも有馬氏著の『替歌研究』437ページに「同志社ころころ　ドングリコ、街に出てみて　さあ大変、同女が出てきてこんにちは、坊ちゃん一緒に　遊びましょう、同志社ころころよろこんで、しばらく一緒に　遊んだが、やっぱり学校が　恋しいと、泣いては同女を　困らせた」というのがあった。

「よさほい節」は、ラジオの「歌のない歌謡曲」という番組で一度だけメロディーを聞いた事があるだけなのだが、学校へ上る以前に父の会社の慰安旅行のバスの中で聞いた時から、学生時代のコンパで皆で歌った時まで、永遠のロングセラーの春歌であった。「四つ出たホイのヨサホイノホイ　吉永小百合とやる時にゃ　ホイ　北風吹き抜く寒い朝も　せにゃならぬ」とか、「十三出たホイノヨサホイノホイ　十三（じゅうそう）の女とやる時にゃ　ホイ　病気覚悟でせにゃならぬ」とかのバリエーションを聞いた事があるが、この歌自体が元歌ではなく、替歌であったとは、まったく意外であった。

「知床旅情」

　加藤登紀子が、北海道で歌われていた歌を採譜しレコーディングして大ヒットしたが、元歌が森繁久弥作であった事は比較的良く知られているであろう。ところが、歌詞が一字だけ違っていた事は余り知られていないようだ！　三番の歌詞が

♪別れの日は来た　羅臼（知床）の村にも
　君は出て行く　峠を越えて
　忘れちゃイヤだよ　きまぐれカラスさん
　私を泣かすな　白いカモメを♪

なのである。加藤の歌が「白いカモメよ」なのに対して、元歌は「白いカモメを」なのである！　わずか一字の違いなど、取るに足りない、とお思いか？　そんなこと言ってたら、詩の才能が皆無だと笑われますよ！　一字違いで大違いなのだ！　加藤の歌が、知床へ旅行した旅人が名残りを惜しんで、カラスやカモメに呼び掛けている歌であるのに対し、元歌は擬人法が使われていて、きまぐれカラスである旅人に対して白いカモメである地元の女性が、自分の事を忘れないでくれと、涙ながらに訴えている、大変情の深い歌詞になるのである。三番の白いカモメは二番のピリカと同一人であろうとも推測され、更に一番の「思い出しておくれ俺達の事を」の句も、三番の「忘れちゃいやだよ」に対応する句であるとも考えられ、歌全体の意味がまったく別物になってしまうのである！　もし私がこの両者に題名を付けるとすると、加藤の歌は同じく「知床旅情」だが、森繁の歌は「知床情話」か「知床情歌」とでもするであろう。私だけではなく、文筆をなりわいとする人物であるならば、同感であろうと確信する。従って、森繁の歌が元歌であり、加藤の歌は替歌なのである。これ程見事な「一字違いで大違い」の例はまたと無いであろう！

わずか一字だけの違いの替歌があるのなら、一語も変えないで替歌にする、魔法のような替歌は存在するのか？　それが存在するのである！　これは、私が発見・命名した替歌である。その歌とは、「坊や大きくならないで」である。ではその一・二番の歌詞を見てみよう。

♪一、坊や　静かにおやすみ　私の　坊や
　　来る日も　来る日も　いくさが　続く
　　坊や　大きくならないで
　　　　　　　　そっと眠りなさい
　二、お前が大きくなると　いくさに行くの
　　いつかはきっと　血に　染まるだろう
　　坊や　大きくならないで
　　　　　　　　そっと眠りなさい♪

この時代の代表的な反戦歌である。この題名に私は「僕や大きくならないで（ポルノ版）」とした。（作者の皆様方、ご免なさいm(_ _)m）スケベな読者の皆様、お判りのように、この歌にタイトルを付け加えて、内容はまったく変えないで、春歌になるのである。これは、まったく偶然に私が発見したもので、稀有な例ではあるが、有り得るのである。

また、歌詞の一部分だけなら、「よこはま・たそがれ」の一部分「あの人は行って行ってしまった　あの人は行って行ってしまった　もうおしまいね」の部分は春歌に成り得る。この詞はプロの作詞家の作であるので、恐らく掛け言葉的に、どちらの意味にでも取れるように作られた詞ではないか、と私は思う。

「月光仮面は誰でしょう」

言わずと知れた、国民的ヒーローのドラマの主題歌であるが、それとは別にモップスがこの歌をラップ調にコミカルに歌っていた。有馬氏の本にある演歌師が歌ったり、民謡のように口伝えに歌われていたと思われる歌であるならば、元歌・替歌が渾然一体となって発展したのであろうが、楽譜通りに歌い継いで行くのが一般的になっている現代においては、珍しくわざと元歌を崩して歌っているので、これはやはり替歌であろう、と思う。

「ミヨちゃん」

作曲家の平尾昌晃が最初に作曲して発表した曲だと言われているが、参考にする元歌が存在した、という話をテレビ番組で聞いた事がある。後ほど、ドリフターズが歌う事になるが、アドリブ的にセリフや歌詞を変えている。ドリフターズは「いい湯だな」「誰かさんと誰かさん」等の替歌を専門に歌っているので、替歌であると言っても良いのではないだろうか？

「クスリ・ルンバ」

元歌の「コーヒールンバ」とはまったく関係の無い、薬の商品名をら列した歌詞がユニークである。語数を合わせるテクニックは必要だが、元歌へのパロディ性、あるいはリスペクトが感じられない。このことは、別の章で論じたいと考える。

「番頭はんと丁稚どんのテーマソング」

昭和60年前後に、ＮＨＫの看板番組「ジェスチャー」の視聴率を食った番組として名高い番組であるが、その冒頭で整列した丁稚たちが歌うテーマソングは、その当時共作でヒットした「好きだった」のマヒナスターズ版の替歌であった。

最後に、有馬氏の本の中で図示されている相関図に、私は有馬氏の替歌に対する愛情を感じた。その図の評価は浅学な私には不可能である。それ故、有馬氏へのリスペクトを込め、その図を転載する。(『替歌・戯歌研究』517ページより)

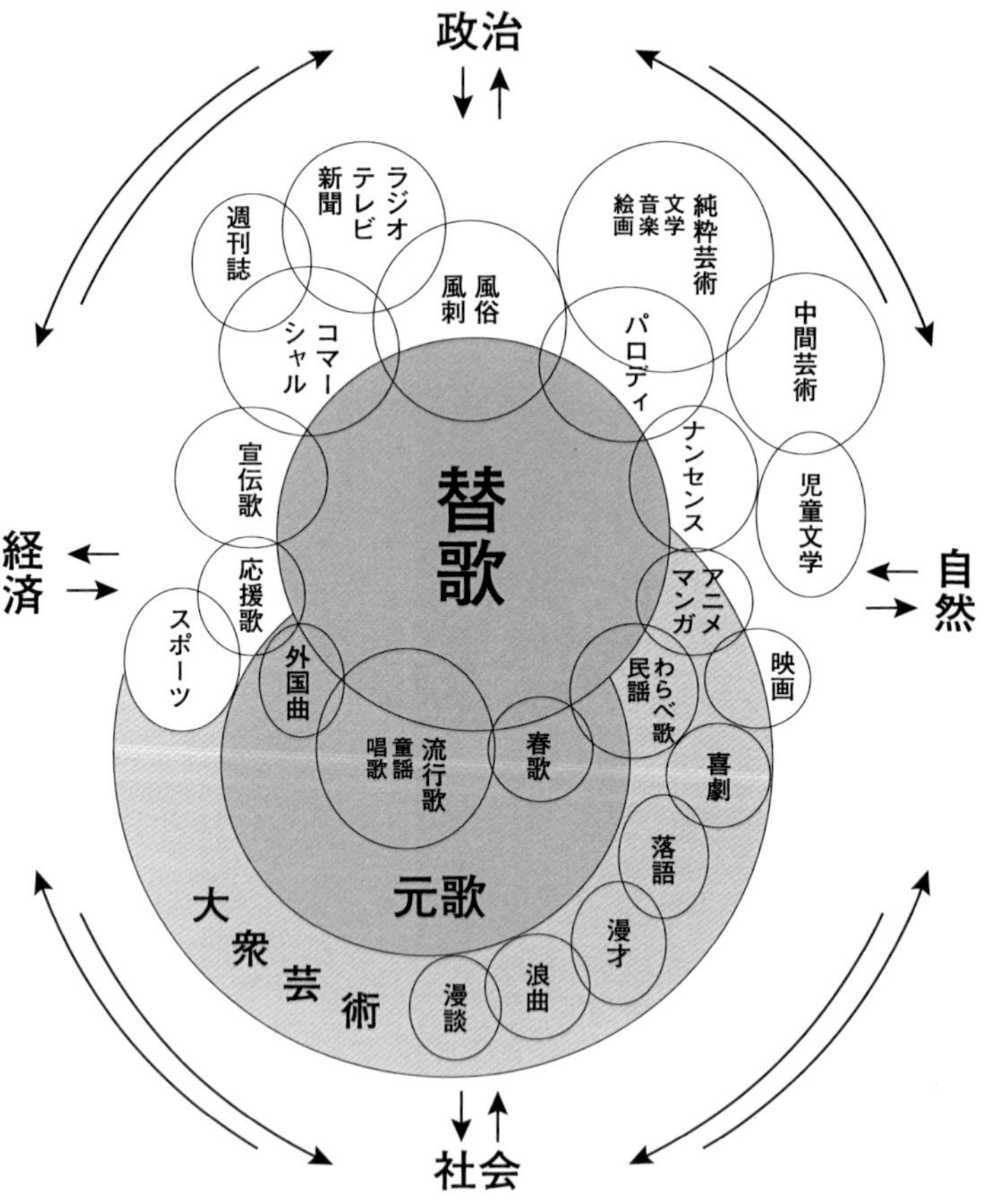

第2番　現　状

　現在、替歌を取り巻く状況には、非常に厳しいものがある。その問題点を思い付くままに列挙してみよう。

○低俗で下品だと思われている（春歌の率が高い）
　どんな文学・芸術にも、下品な作品はつきものだが、替歌は特別に低俗だと思われているようである。その誘因として、かなりの率で、いわゆる春歌が多い事が挙げられるであろう。私自身も、春歌の替歌が作品のおよそ半分位を占めているのは事実である。その理由として、やはり作り易いのは現実である。一例を挙げると、巷で歌われるいわゆるはやり歌は、恋愛を主題とした物が圧倒的に多い。当然、愛や恋という言葉も多用される。これらの単語は、恋＝行為、愛＝あ～、良い！と簡単に言い換えられる。これだけで、春歌の骨組みは出来上ってしまうのだ。そして歌の性質上、酒席の場で作られたり、披露されたり、歌われたりするのが常である。私のように、机に向かって替歌を捻り出す人間は稀なのだ。そういった作詞環境のなせる技で、替歌は不幸な生い立ちを背負っている。だがしかし、性愛を歌い上げることが、何故低俗なのだ？　人間は太古の昔より、集まっては酒を酌み交わし、炎を囲んでは歌を唄い、笑い、喜び、踊り、性を謳歌して来たではないか！　その結果、有馬氏の本に取り上げられているような膨大な民謡・春歌が生み出されて来たのである。これらは、我々の貴重な遺産である！と私は思う。何もかもが権力者に奪われて来た身分制社会に於いてさえ、中世ヨーロッパの初夜権等の例外は除いて、庶民にも性愛だけは開放されていた。この僅かな自由を讃美し歌い上げることが、何故低俗なのだ？　この文章を今読んでいる貴方、貴方が今生きている、生存しているのは、貴方の両親が行なった生殖行為・セックスの結果でしょう？　セックスを差別するのは、貴方自身の現在の生存を否定すること、なのだ！一方では夜な夜な（昼間も？）セックスに励んでおいて、人前ではセックスを軽蔑するなどとは、私には二枚舌・偽善者としか見えないのであるが、いかがであろうか？と言ってはみても、こんな一言で長年培われて来た差別意識が解消される訳もない事は重々承知している。

○大衆的＝低俗だと誤解されている

どの文学作品でも同様であるが、いわゆるプロが作る〝気取った〟作品は芸術的であるが、大衆的な作品は低俗だと思われている。クラシック音楽に対する大衆歌謡、悲劇に対する喜劇、実写映画に対するアニメ映画、落語・漫才・浪曲・漫談などの、替歌の周辺に存在する大衆芸術は、純粋芸術・中間芸術と比べて低俗だと評価されている。有馬氏の先の相関図によっても、それは明らかに示されている。チャップリンが居るではないか？と考える人もあるかも知れないが、チャップリンの喜劇は純粋な喜劇ではない。その中に含まれるペーソスや風刺・悲しみが在るからこそ、彼の喜劇は高く評価されているのだ、と私は考えているのだ。同時代のバスター・キートンの方が喜劇そのものとしては面白い、と評価する評論家も多いのだ。ミヤコ蝶々さんの言う、いわゆる「面白うてやがて悲しき」の作品が評価されがちなのだ。松竹新喜劇・吉本新喜劇も、「やがて悲しき」の要素がなければ、ただのドタバタ喜劇になってしまうのだ。

○風刺＝低俗と見られている

物事を風刺・揶揄することは、とかく反体制的・低俗・欲求不満的・いちゃもん付けであると思われがちである。本来、批判といちゃもん付けとは当然異なる概念であるが、批判を毛嫌いする人間には、その違いを考えること自体が有り得ない事なのであろう。既に確固として「揺るぎない」物事に異をとなえる事自体が有ってはならない事なのであろう。確定した概念を覆すことは「悪い事」「行儀作法が成ってない事」だと考えるのであろう。とかく日本人は「圧倒的に多数派に属する事」に心地良さを感じ、それ以外の立場に立つ人を「天の邪鬼」・「変人」と考え、差別し、その存在意義を考えようとはしない。まだるっこしい表現をやめて、例を示そう。私は本文にも述べたように独身主義者である。特に40歳代の頃には他人によく言われた。「あなたはまだ独身なのか？　それは良くない。一刻も早く結婚すべきだ。私が良い人を紹介しよう。結婚することが、あなたの幸せなんだから！」よく言うよ！「あなたが独身であるのは、それなりに筋の通った理由があるのか？　ならそれを私に教えてくれ。私はこれこれの理由で、結婚することが素晴らしいと考えている。それと違う論理があるのなら、是非それを教えてくれ。参考にするから。」と言う人は今の今まで、お目にかかったことなど無いのだ。逆に「あなたは未だに独身なんだってね。自由でうらやましいね。結婚なんてするもんじゃないよ！」とのたまう御人には多く出会ったので、掃いて捨てた。私に意見する人達は皆偽善者なのか？　私は常々、これらの二枚舌の人々に迷惑して来た。だから、自らの信じた考えを曲げるつもりはない！　人間の思い込みとは恐ろしいものであるなあ、と日々考えさせられる、今までの私の人生であった。

　コロナ禍における、医療従事者への差別、マスクをしない人への差別、ウレタンマスクをする人への差別、ワクチン未接種者への差別等の行き過ぎた差別を見聞きするにつけ、「日本が世界に冠たる差別国家に踊り出た」と高らかに宣言しておこう！

○プロの作品＝高度
　アマの作品＝低水準、と思われている

どの分野でもそうであるが、専門家・プロの作品は、プロであるが故に高度、アマの作品は、アマチュアであるから低水準である、との決めつけが常態化している。作品の質を見抜く技量がないことを、プロの作品だから間違いが無い、として誤魔化す事が横行している、と私は考えている。

○大衆との密接度が裏目に出ている

どんな芸術・芸能でも、俗に言われるパロディは存在するが、替歌程問題にされず、バッシングされていないように感じる。まずパロディという用語であるが、「現代用語の基礎知識」には、「パロディ（parody）戯詩、風刺詩。特定の名作の語句や文体を模倣してその特徴を生かしながら、全体としては全く別の意図に基づく外形に不相応な内容を表現することで滑稽の効果を与える。ギリシア時代からあるがフランス人が最も得意である。日本の狂歌、替歌、もじり文もその一種。」と記されている。この概念を全芸術・芸能分野に拡げて私なりに考察すると、文学作品やクラシック音楽の分野では、パロディに相当する作品がにわかには思い当たらない。ただ、私が学生時代、ラジオ番組で毎週いわゆるパロディをリスナーより応募して貰う番組があった。私と同年代の学生が主なリスナーであったので、一番人気のあるパロディが源氏物語の冒頭部分であった。パロディも、いわゆる本歌取りの要領と同じく、元の作品が有名であればある程、箔が付くという考え方が基本になっていると考えられる。こういった例外はある。一方、絵画特に西洋絵画では幾らでも例を挙げる事が出来る。これはキリスト教文化のせいである。キリスト教絵画の代表的例を挙げるなら、聖母子・受胎告知・最後の晩餐であろう。これだけ挙げるだけで、数え切れない程の絵画の山を示す事が出来るであろう。もっと細かく一例を挙げるなら、「ウルビーノのビーナス」「オランピア」「裸のマハ」、名称を挙げるだけで私の言いたい事は示せるので、解説は省く。

私が是非とも述べておきたいのは、かのルーブル美術館の有名作品「ナポレオンの戴冠」の絵である。ご存知のように、ナポレオンが王妃ジョセフィーヌに自ら冠を授け、ジョセフィーヌがひざまずいて手を合わせている構図である。私が幼少の頃読んだナポレオンの伝記に書かれている内容によると、この出来事はほぼ事実である様だが、ダヴィッドのこの絵画は、中世ヨーロッパで盛んに描かれた「聖母戴冠」の構図そのものである。つまり、聖母マリアが死後天国に昇天した時、天上で待ち受けていたイエスより、その功績故に冠を授けられるという構図の事である。この構図の示すところは、ナポレオンの全ヨーロッパ制覇の野望を端的に表現する事なのだ。この例でも判るように、西洋絵画の分野では、先人の功績にリスペクトを込め、その描写を自らの作品に積極的に取り入れて作品とする事が当然の行為として行なわれ、許容されていた。その行為に罪悪感もバッシングも存在していない、という事実である。

映画の分野でのパロディ傾向は突出していると言っても過言ではないであろう。欧米日亜を問わず、いわゆるリメイクが横行している事実は、あえて言及するまでもなく自明の事実であるので、あえて触れない。触れると、それだけで数ページ費やしてしまうからである。いわゆる翻案も盛んに行なわれている。有名な例は、黒沢明監督の「用心棒」が「荒野の用心棒」となった事であるが、あの作品は翻案というよりは盗作に近いので、あまり良い例ではない。同じく黒沢作品の「七人の侍」が「荒野の七人」となったのも有名であるが、逆に黒沢作品の「蜘蛛巣城」が「マクベス」の、「乱」が「リア王」の翻案である事は、作品を観ればすぐに理解出来る。逆に指摘されないと見過ごしてしまう可能性があるのは、「マイ・フェア・レディー」が「ピグマリオン」の、「ウエスト・サイド物語」が「ロミオとジュリエット」の翻案の好例であると思う。そして、日本の本歌取りと同様に、有名な作品である程箔が付く傾向を認めることが出来る。たまたま例に挙げた作品が、殆どシェークスピアの作品に関わっているのは、決して単なる偶然でも私の作為でも無いのだ。

私が特に興味を持って研究しているのが、シリーズ物の相関関係である。シリーズ物が相互に関係があるのは当然じゃないか、とお思いかも知れないが、それは「ハリー・ポッター」や「ロード・オブ・ザ・リング」での話であって、私の言うのは、「バック・トゥ・ザ・フューチャー」・「ターミネーター」・「エイリアン」それに「マッドマックス」のシリーズに関しての相関関係なのだ。勘の良い人はハハーンと何となく判って頂けると思う。一例を挙げると、「バック・トゥ・ザ・フューチャー」では、ラストシーンで博士が乗り物に乗って登場する場面や、主人公が気絶から目覚めると、必ず現在とは似つかわしくない過去の母親と遭遇するという、判り易い、観客にわざと見せつける演出がされている。「ターミネーター」の「アイル・ビー・バック！」といつどこで誰が言うかも同様の例であるが、それ以外にも数限りなくシリーズ内の相関関係が存在する。「エイリアン」シリーズと「マッドマックス」シリーズも基本的には同様であるが、特徴的には、その類似作品がシリーズ以外にも及んでいることである。「エイリアン」と「エイリアン2」は、場面設定と登場人物は別の物語であるが、そのストーリー展開は同一である。「マッドマックス2」と「マッドマックス・サンダードーム」も同様であり、面白い事に、シリーズとは別の、「エイリアン」シリーズと「アビス」、「マッドマックス」2作品とＵＳＪのアトラクションにある「ウォーター・ワールド」とが同一のストーリー展開なのである。「エイリアン2」と「アビス」はジェームズ・キャメロンが監督しているので、似ているのは当り前であるが、ついでに言えば、「アバター」の作品中にも「エイリアン2」で出て来たローダーと呼ばれる機械が出て来る。しかも、ジェームズ・キャメロンは「ターミネーター2」も監督しているので、共通の俳優が出演したりしている。例えは悪いが、乱交状態なのだ。私は「エイリアン」と「エイリアン2」の相関関係をメモ書きで比較してみた事があるが、何と40カ所以上の相関関係が在った。例えばＤＶＤを見比べて、何時間何分何秒単位で、作品の相互連関表を作成する事が可能だ、という事である。これらをまとめれば、優に何冊もの研究書が出来上る。もし、オファーがあれば、本にして出版してお目に掛けて差し上げるので、オファーをお待ちしております。

何故ハリウッド製映画にこれだけの相関関係があるのか？というと、先程の絵画に関する部分でも述べたが、基本的にはキリスト教文化、特に映画に関しては、聖書の存在が在る事に私は気が付いた。聖書、特に旧約聖書を読めば解るように、同じようなパターンの物語がこれでもかこれでもかと出て来る。「歴史は繰り返す」とは、旧約聖書の物語を言っているのだ、と言っても大言壮語ではない。新約聖書の部分に「引照付き」となっている聖書をお読みになったお方もいらっしゃるであろう。「引照」とは、新約聖書に記述されているイエスの行動が、旧約聖書の予言のどの部分の実現であるのかを示す為の手引きなのだ。「聖書の予言はことごとく成就している」とはこの事を指すのだ。だが、この論理には実はからくりがある。私は西洋史学専攻卒であるので、そのからくりを知っている。別の文章で述べているように、新約聖書はアタナシウス派がキリスト教の正統教義であるとされてからかなり経ってから、〝編さん〟されたのだ。つまり、新約聖書は、アタナシウス派の教義を正当化するのに都合の良い文書のみを採用して編さんされ、都合の悪い文書は廃棄され、焼却され、抹殺されて編さんされたものだからである。イエスの幼少期の物語や異性関係に関する記述が全く欠落しているのは、そういう物語を記述した文書がことごとく廃棄されているからである。それらは「神の子」であるイエスにはふさわしくないと判断されたからである。聖書の予言はことごとく成就した、というよりも、成就しているとする文書を意識的に採用して編さんされた書物が新約聖書なのだ。偽書であるとは言わないが、かなり作為的に編さんされたきらいは否めない、と私は思う。クリスチャンの人々にとっては、信仰に関わる重要な問題であろうが、私にとっても非常に興味深い研究対象である、ということなのだ。私は自分の研究を映画の分野では「比較映画鑑賞法」、聖書では「比較聖書学」と呼んでいるが、これらは研究対象の違いで、基本は構造主義的分析法で、構造主義的替歌分析法と結局はルーツが同一なのである。

和歌の分野では、パロディの地位が異常に他の分野より高い。それはもっともな部分がある。短い字数の中でパロディを規制すると、和歌自体の発展を大きく阻害する可能性があるかも知れない、と私は考える。下の句が「秋の夕暮れ」の和歌など掃いて捨てる程存在するであろう。高校時代に古文の有名な和歌を覚える要領として「三夕」なる言葉が在った事を思い出した。それ故、日本文学史の教科書に明確に記述されているように、「本歌取り」が公認されている。だが、と私は考えた。それだけなのか？「本歌取り率」では語呂が悪いし、「パクリ率」では下品なので、「替歌率」なる優雅な語を造語して分析すると、本歌取りは31分の7だから22.5％とかなりの高率なのだ。替歌でこのような高率の歌は仲々無い。それでも「本歌取り」は公認され、替歌は何故地位が低いのだ？　不公正であると私は考える。何か別の理由があって、こうなっているのではないかと、疑り深い私は考えてしまう。

和歌よりも字数が少ない俳句はどうなのだ？　俳句は特有の季語が存在する独特の文学作品である。その制約の中で作句する事に意味があるらしい。パロディやユーモアはもっぱら川柳に任せられている。

こういう風に各ジャンルの文学作品を見て行くと、替歌、なかんずく日本の替歌のみが際立ってパロディックな作品に厳格であるのが判る。それと対極的なのが日本独自の文学作品である和歌である。ここにキーポイントが在るのではないか？と私は考える。何が言いたいのか？　和歌は貴族層や上流階級がもっぱらたしなむ文学作品として発展して来た。それに対して替歌は、昔も今も一般大衆・下層階級が幅広くものして来た文学ではないのか？　上流＝高級・上品、下層＝低俗・下品のステレオタイプの評価が根深く存在するであろうことを、私は段々理解するようになった。その上に、盗作・春歌という悪いイメージが上塗りされて、言われの無い誤解が形成されて行った様な気がする。標題に掲げたように、取っ付き易い、大衆的なジャンルである事が裏目に出ているのではないのか？　このことを立証する為に、これだけの紙数を要する事自体が、替歌を取り巻く偏見の根深さを物語っており、私がこの文章で論じてその偏見を打破したいと考えた動機なのである。

それでは、芸能の分野はどうなのだ？　有馬氏の関連図中で大衆芸術として、替歌と比較的関連のある喜劇・落語・漫才・浪曲・漫談、いずれもその地位・評価は比較的低いのが判る。それに対して比較的地位の高いのは、能・狂言・文楽・歌舞伎等であろうか。歌舞伎を除いて、比較的に古来からその様式・形態が固定され、確立されて来ている芸能との感がある。歌舞伎は私には成り上がり的なイメージが在る。阿国歌舞伎の頃は、京都五条河原に小屋をしつらえて公演し、「河原乞食」と呼ばれていたと聞いている。それが現在では世界的に評価の高い古典芸能との評価を確立したかの観がある。ただし、他の古典芸能とは趣きを異にして、その時々の世相を反映した「シェー！」や「チッチキチー！」等を挿入したり、スーパー歌舞伎を編み出す等、大衆の好みに沿った演目を開発する手法・姿勢は、古典だけに固執しない心意気を感じさせるユニークさであると、私は評価している。

○借用と盗作・パクリが混同されている

替歌は、元歌の主要部分を活用し、別の作品に造り変える文学作品であるのだが、単なる借用・盗作・パクリであると混同されている。その為、盗む事は悪である、もっての他だ、と考えられて評価が低い、もしくはまったく評価されないきらいがある。更にそんな作品は規制せねばならない、元歌に対する侮辱である、等々のいわれなき非難を被っている。決してそうではない！　替歌を自ら創る立場から、私は声を大にしてこの事を主張したい！　直前の文章で私は意識して〝創る〟の用語を使用した。そうである。替歌は創るものなのだ。創作活動なのだ！　決して他人の作品を自分の作品の中に盗んで据え付けるものではないのだ。

ただ、借りてくる物である限り、借り主に了解してもらう、あるいはそれなりのリスペクト、オマージュが存在しなければならない。有馬氏の本の中でJASRACは、替歌を創った場合、元歌の作者の了解が必要との見解であるが（『替歌・戯歌研究』465〜466ページ）それなら作者不詳や作者が故人の場合はどうするのか？　文部省唱歌や歴史的遺産と見なされる作品はどうなのか？　元歌が外国曲の場合はどうか？　既にレコード化された例えば「クスリ・ルンバ」に設定された著作権は認めても、未発表の作品の著作権はどうするのか？　所詮JASRACの役割は、日本国内で出されたレコードの版権を護る為だけに存在するものであり、「我々が歌謡曲の守護神である」等と誇大妄想は抱かない方が良い、と私は思う。私が前回の本を出す時に出版社に質問したのだが、出版社には私の意図するところがうまく伝わらず、結局元歌の題名をかっこ内に明記する、つまり論文の中で他の文献を引用する場合と同じ要領でお茶を濁す事になってしまった。

私はマスコミの報道で災害発生の情報を目のあたりにして、いつも不思議に感じている事がある。それはボランティアの派遣についてである。被害者がボランティアの派遣を求め、それに応じようとする人がいても、それを阻害する力が働いて、うまく派遣されないような報道をしばしば目にする。いつからこうなってしまったのか？　ボランティア元年と言われたのは、阪神淡路大震災の時、いずこからとも無く沸き起こった善意の人々が、大挙して被災地へおもむいた事が始まりであろう。あの時、森喜朗が「ボランティアをうまく管理する事が必要だ」と述べていたのを苦々しく感じながら見ていたのを鮮明に覚えているが、現在森の言う通りに成っているのはどうした事か？

何でもかんでも権力者の管理の元に動かさなければ気がすまないのが、この国の特性なのか？　私は今、暗澹たる気持ちでこの文章を書いている。私は何故ここまで書かなければならないのか？　それは、有馬氏が著書の中で述べ、私が引用した、戦時中の特高警察の暗躍に似たニオイを感じているからなのだろう。突き詰めれば、表現の自由の問題に関わってくるからである。

蛇足になってしまうが、他の作品・人物に対するリスペクトは、何も替歌や翻案等の文学作品に限った事だけではない。私が知っているリスペクトの例を挙げておく。沢田研二・ジュリーの歌に「勝手にしやがれ」という歌が有る事は良く知られているであろう。この歌の題名は、以前アラン・ドロンと人気を二分したフランスの男優ジャン・ポール・ベルモンド主演の映画の題名である。この映画は先年映画館でリバイバル上映された。偶然ではない。何故なら、彼の歌にもう一曲「時の過ぎゆくままに」という題名の歌がある。これはかの名高い名画「カサブランカ」の映画の中で、主演のハンフリー・ボガートが経営するバーの中で、黒人ピアニストが引き語る「As time・go・by」の曲名を借用した物なのだ。その証拠にジュリーは、「カサブランカ・ダンディ」の歌の中で「ボギー、ボギー（ハンフリー・ボガードの愛称）、あんたの時代は良かった。男がピカピカのキザでいられた」と歌っているのだ。これらの歌で、ジュリーはジャン・ポール・ベルモンドやハンフリー・ボガートをリスペクトしていることを文字通り歌い上げているのである。

ある意味で最高のリスペクトは、自分のペンネーム・芸名に尊敬する人物の名前を取り入れる事かも知れない。例えば江戸川乱歩はエドガー・アラン・ポーの、益田喜頓はバスター・

キートンの、谷啓はダニー・ケイの名前をもじったペンネーム・芸名なのだ。私のペンネームも、出典は不明だが、今昔物語か宇治拾遺物語のリスペクトなのだ！　それとは正反対に、ののしりの言葉を逆手に取って自分の物にしてしまうという、高度なテクニックを使用する驚くべき手法が存在する。私が知っている例としては、父親の「くたばっちめぇ！」と言った言葉をペンネームにした二葉亭四迷と、ライバル業者が、「まるで犬の肉のようだ！」とけなした言葉を新商品の名前に採用したホット・ドッグの２例がある。もじりとは、実に奥深いものだと、つくづく感じることであった。

○「挿入歌」と「替歌」

歌謡曲の中には、いわゆる「挿入歌」を有する歌がある。「挿入歌」と言っても、映画の中で歌われる主題歌以外の「挿入歌」のことではない。文字通り一曲の歌の中に別の歌が挿入されている歌のことである。いくつか例があると思うが、私がすぐに思い付くのは「麦と兵隊」である。「徐州徐州と人馬は進む……」の一番の後に「佐渡おけさ」が歌われた後、二番へと続くのだ。これは進軍しながら兵隊達が「佐渡おけさ」を歌っている、という設定だからである。挿入されているのが有名な民謡である故、しかも戦意高揚の歌であるが故、別の歌の借用であることの是非など、まったく問題にされなかったのであろう。だが、この「挿入歌」が元歌ではなく、替歌であったのなら、どうか？　そんな例があるのか？　ある！　大ヒットした八代亜紀の「舟唄」である。

「舟唄」は一番と二番の間に「ダンチョネ節」が挿入されているのである。あまりにもこの「ダンチョネ節」が有名になってしまったので、この「ダンチョネ節」が元歌のように思われているようであるが、有馬氏によると「ダンチョネ節」の元歌は神奈川県民謡で彼の本にまったく別の元歌が収載されている。私のこの本の本文に、この舟唄の「ダンチョネ節」の部分の替歌を載せ、「舟唄」の替歌としている。「ダンチョネ節」の替歌とはしていないのである。「ダンチョネ節」の部分の替歌だから、「ダンチョネ節」の替歌とするべきだ、との意見は当然あるであろう。私はそうは思わないのだ！　この「ダンチョネ節」の替歌部分は、本来の「舟唄」の本歌と同様に、この歌の大事な、不可分の一節として「創作」されているものだ、と私は考えているのである。従って、「ダンチョネ節」の替歌とはせず、「舟唄」の替歌として表記したのだ！　私の「舟唄」に対するリスペクトの表明を、どうか理解して頂きたい。

第３番　問題点と対策

今度は視点を変えて、替歌を創る立場から、直面する問題点を考えてみよう。替歌を創る作者はほとんど全員が素人であるので、余り深く考えずに替歌を創る。そこで、

・ある語句のもじり・ダジャレのみにこだわって、不完全・字余り・字足らず・意味不明・尻切れトンボな替歌で終了してしまいがちになる。
・語呂合わせにこだわる余り、内容が首尾一貫しない。
・元歌を借りて来ることにからんで、後ろめたい、罪悪感を感じて、替歌が萎縮してしまいがちになる。
・面白い事柄だけに熱中して、内容が下品、他人の中傷になっている事に気が付かない。
・権利意識が無いので、創った内容をすぐに忘れてしまう。

要するにまともなルールが整備されていないのである。

以上の問題点を踏まえて、私独自の替歌創作のルールを提示

しよう！

1. 替歌本来の特長である、ユーモアとウィットに富んだ内容である事。
2. キーワードを定め、掛け言葉・縁語・語呂合わせを効果的に使用する事。
3. 内容が首尾一貫している事。
4. 字余り・字足らずを出来るだけ少なくする事。
5. 元歌を明らかにし、歌詞を説明する必要がない（誰でも知っている有名な）歌をターゲットにする事が望ましい。（本歌取りの要領）
6. 刹那的なフレーズだけでなく、出来ればワンコーラス以上の分量を確保する方が見栄えが良い。
7. 元歌に対するリスペクト・オマージュを忘れないようにする事。
8. 春歌は俳句に対する川柳のように、別ジャンルとして位置付けて創る事。

今年になってから、以上の私の替歌創作ルールに則った内容の替歌集が出版されている事を本屋で知った。それが2016年12月に出版された木村聡著『昭和歌謡替え歌77選＋番外編3』である。私の本が2016年１月の発行なので、替歌のまとまった出版物としては、私の方が早いが、ほぼ年月の差なく替歌集が出版された事に、意義深い因縁を感じる。

さて、その内容については、私とはかなり、というよりは対照的な作風である。私の替歌がかなりセンセーショナルなアクの強い異端児的なものであるのに対して、木村氏の歌は優等生的模範的な当たり障りの無い内容のものである。敢えて言えば、替歌集と言うよりは作詞集とでも言うべきポエティックさで、別の曲を付ければ別の歌謡曲として通用するような、質の高さ・完成度を感じる。ただし、この詩に曲を付けても、ヒットするかどうかは疑問だが？　残念！

もう１名言及しておかなければならない人物が居る。その人は、替歌界の巨匠、かの嘉門タツオ氏である。その業績はつとに有名であるが、私との比較で述べるならば、嘉門氏は主に芸能界をターゲットにした替歌で一世を風靡した人物であるが、私は一般社会全般をターゲットにしている。嘉門氏が、例えて言えば一発芸風に端的にフレーズで攻めるのに対して、私はワンコーラス全般で平面的に攻める傾向なので、かなりその芸風、じゃなかった作風が異なる。唯一重なり合うのは、下ネタの部分かも知れない。同一の元歌で創った替歌がある。本ダシのコマーシャルソング、元歌が、
♪カツオ風味の本ダシ♪
嘉門氏の作が、
♪宮沢りえのふんどし♪
私の作品が、
♪赤貝風味の特出し♪
作風の違いが、明確に表現されているであろう！（下品な作でゴメンナサイ m(_ _)m）

第４番　サビ（作品集）

さあそれでは、前章の創作ルールに則った私の作品集をいよいよご披露致しましょう！　エッ、お前の替歌はこの本の本文でしこたまお目にかかったじゃないか？って？　あれはカマトトネコ達を讃美する一大叙事詩の中で、本文の文章や写真と共に歌い上げた芸術作品の一部が替歌であっただけで、私の替歌の本質を現した物ではない。ここでご披露するのは、私がその

都度単独で創作したフリーの替歌で気に入って記憶しているものを収録するのである。つまり、私の替歌の本質を最も端的に表現した私の魂そのものを表現した替歌であるという事である。この作品群を見てもらえれば、何故私がこれだけの紙数をさいてこの文章を書き上げたのかが判って頂けるであろう。ただし、春歌の類いは、代表的な物を除いて、除外した。以前述べたように、私の作品のほぼ半数は、春歌に属するものであるが、この文章の性質上ふさわしくないと判断し、涙を飲んで割愛した。要望があれば、地下出版ででもお目にお掛け致しましょう！

さてその前に、私が絶賛する最高傑作に敬意を表して、他人の替歌作品をまずご紹介致しましょう！　この歌はあるラジオ局のモーニング番組の中で、リスナーの作品として放送されたものである。お名前までは覚えていないので、ご本人の了承を頂けないのが、まことに残念である。その作品とは、プロ野球阪神タイガース応援歌「六甲おろし」の替歌で、その名も「もみじおろし」である。

♪　もみじおろしに　さっそうと
　　ポンズを掛ける　七輪の
　　今旬の味　うるわしく
　　輝くサンマと　半身のタイがいい
　　オーオー　オーオー　半身のタイがいい
　　食え　食え　食え　食え！♪

今年の阪神タイガース活躍を期待して、まず一番目にご披露致します！

ここからが私の作品。まず最初にネコの替歌。またか、もういいよ！　まだだよ、です。本文であれだけ大量にネコの替歌をご披露したが、この作品はいわく因縁の有る作品で、説明が必要であるが故、トップバッターを勤めさせた。その替歌は「小猫が住む街」と名付けた。

♪　可愛い小猫が　住む街は
　　真心宿した　人が住む
　　ビルの隅にも　屋敷にも
　　小猫が生れた　ふるさとの
　　善意が触れてる　あふれてる
　　子猫を育てて　大阪を
　　可愛い子猫が　住む街に♪

私子子子・子子子のテーマ曲にしようと思っている。この元歌は「小鳥が来る街」である。

♪　可愛い小鳥が　住む町は
　　緑を映した　空がある
　　ビルの屋根にも　並木にも
　　小鳥が生れた　ふるさとの
　　緑が揺れてる　泳いでる
　　緑を植えて　大阪を
　　可愛い小鳥が　住む町に♪

という歌である。そんな歌知らないよ、と99％以上の人が言うであろう。確かにそうだ、だが、歌詞は知らなくてもメロディーは、大阪市に頻繁に出入りする人達は、必ず知っているメロディーなのだ。ということは、数百万人、ひょっとして1000万人以上の人が知っているメロディーなのだ！　何故ならこの曲は、大阪市のゴミ収集車のオルゴールのメロディーなのである。ああ、あのメロディーなら知ってるよ、でも何故ゴミ収集車のオルゴールのメロディーが「小鳥の来る街」なんだ？と思うでしょう？　それこそが、私がこの曲の替歌を創って披露した理由なのだ！

話は昭和39年に遡る。昭和39年（1964年）というと、前回の東京オリンピックが開催された年である。日本の経済成長が絶好調、新幹線が開通し、世界中に日本の国力を見せつけた大会だと思われているが、実は輝く光が作り出す暗く大きな影が存在した。公害という影である。水俣病・イタイイタイ病・光化学スモッグ等、公害のオンパレードに日本国民はあえいでいたのだ。都会に流れる川という川はどぶ川と化し、空は不安げに曇っていた。その年の2年前の昭和37年の冬、大阪の空がまだ午後3時過ぎだというのに、夕方のように真っ暗闇に包まれた事があった。私は中学生であり、クラスメイトと「ワッ、外が真っ暗なんで、家に早く帰らなきゃ！」と冗談を言い合っていたのを、はっきりと記憶している。今の私がタイムスリップして、その場に居合わせていたら、いよいよ終末が訪れたのだと、錯覚していたかも知れない。この大阪の空を何とかしたいと大阪市は、「大阪市緑化100年運動」という名称のプログラムを作ったそうだ。その具体的行動の一環として、コロムビアレコードからレコードを出した。裏表両面A面の曲で、1つは舟木一夫が歌った「青春の大阪」、もう1曲は島倉千代子が歌った「小鳥が来る街」であったのだ。私はその時、大阪市立高校在学中であったので、この曲に合わせてフォークダンスを踊っていた。いわば私の青春の想い出の歌の1曲であったのだ。そういった経緯があったので、大阪市は環境局のゴミ収集車のオルゴールに、このメロディーを採用したのだが、大阪市民のほとんどはこの事を知らなかった。

話はこれだけで終らなかった。それからちょうど半世紀が過ぎた2013年、大阪市長として橋下徹氏が乗り込んで来た。大阪市役所のあらゆる雰囲気を変革したいと考えた彼は、大阪市役所で昼休みの庁内放送で流れていたこの曲に噛み付いた。2013年2月13日に「庁内で変な音楽が流れている」と発言した、と記録に残っている。その結果この曲は庁内放送から締め出され、ゴミ収集車のオルゴールから、徐々に遠ざけられて行っているように感じる。今では収集車のメロディーは「赤とんぼ」の曲が主になっている。大阪市緑化運動のシンボル曲は半世紀を経てその役割を終えつつあるのである。そういった歴史の流れを踏まえ、事実を喚起し、また、私のルールに在るように、本来多くの人々が知っている〝筈〟の曲でも歌詞が知られていなければ、替歌としての認知度も落ちる例として、この歌を一番目に、ネコの替歌として持って来たのである。この歌を、自らもネコを飼い、大阪市を全国一の殺処分ゼロのネコの市にすると公言している、橋下氏の盟友大阪市の現市長松井一郎氏（2019年3月府知事を辞職）に「エールを添えて」贈るものである。

ここからは、元歌の歌詞は示さない。示さなくても、大多数の人々には衆知の歌詞として有名な歌である、と思うからである。なお、おことわりしておくが、中にはこれからの作品で不愉快に感じるお方が必ず出て来る。それだけは不可避であり、私の作品が持つ特徴である。誰に取っても当たり障りの無い、優等生的な作品を創る事は、私には出来ないし、意味の無い事である、と私は考えている。物事の本質を示す事は愉快な事では無く、本来軋轢を伴うものなのだ。不愉快になりたくないのであるなら、私の作品はスルーして下さい、とお願いしておく。それでは始めます。

◯オウム真理教シリーズパート１「さっちゃん」

♪一、さっちゃんはね　サリンて言うんだ　本当はね
　　だけどやばいから　サリンのこと

さっちゃんって　呼ぶんだよ
面白いね　さっちゃん
二、麻原は　メロンが大好き　本当だよ
だけど　糖尿病だから
メロンを半分しか　食べられないの
ザマを見ろ　麻原
三、ワイドショーが　オウムばっかりだって　本当かな
だけどあきっぽいから
オウムの事なんか　忘れてしまうだろ
さみしいね　ワイドショー♪

◯オウム真理教シリーズパート2「証城寺の狸囃子」の替歌で「彰晃Xデイの歌」

♪一、ショウショウ彰晃　彰晃はどこに居る
つつ捕まえるぞ　早よ出てこいこいこい
捜索開始だ　パンパカパンのパン
逃げるな逃げるな　何処まで逃げるんだ
居た　居た居た　ここに居た
秘密の部屋に　隠れてた
二、ショウショウ彰晃　彰晃は捕まった
けけ警察へ　護送する
報道陣は　てんてこ舞いの舞い
負けるな　負けるな　他局に負けるな
ヘリコプターで　追い掛けろ
バイクで　追跡だ
三、ショウショウ彰晃　彰晃の取り調べ
のらりくらりで　やりにくい
弁当のシャケが　小さいからとプンプン
しゃべるな　しゃべるな

しゃべると　死刑になる
怖い　怖い怖い　怖い怖い怖い
私は貝になる　オウム貝
タラララ ンラ　タンタン
チャラララ ラ　ランラン♪

○オウム真理教シリーズパート３「エンマの数え歌」の替歌で「お医者の数え歌」

♪一つ二つ三つ四つ五つ
患者の症状　数える　問診表を　数える
貴方は病気持ち　結核だ♪

○オウム真理教シリーズパート４「エンマの数え歌」の替歌で「主治医の数え歌」

♪一つ二つ三つ四つ五つ
患者の検査を数える　やばい徴候数える
貴方は要注意　タンパクだ♪

○オウム真理教シリーズパート５「エンマの数え歌」の替歌で「ツアーコンダクターの数え歌」

♪一人二人三人四人五人
ツアーの人数数える　参加者人数数える
今度のツアーは　三泊四日だ♪

○オウム真理教シリーズパート６「麻原彰晃応援歌」の替歌で「焼酎の歌」

♪ショウチュウ　ショウチュウ
ショウチュウ　ショウチュウ　ショウチュウ
朝から焼酎
ショウチュウ　ショウチュウ
ショウチュウ　ショウチュウ　ショウチュウ
朝から焼酎

ショショショ　ショウチュウ
ショショショ　ショウチュウ
朝から焼酎
ショショショ　ショウチュウ
ショショショ　ショウチュウ
朝から焼酎♪

○オウム真理教シリーズパート７「麻原彰晃応援歌」の替歌で「彰晃と紹子」

♪ショウコウ　ショウコウ
ショショショショショ　彰晃　おじさんの彰晃
ショウコウ　ショウコウ
ショショショショショ　紹子　おばさんの紹子
ショショショ　ショウコウ
ショショショ　ショウコウ　おじさんの彰晃
ショショショ　ショウコ
ショショショ　ショウコ　おばさんの紹子♪

○「夕日」の替歌で「ガングロ姉ちゃんの歌」

♪ガンガングログロ　姉ちゃんが通る
ガンガングログロ　ギャルが来る
真っキッキッキッ　ギャルの髪
男の髪も真っ赤赤
ガンガングログロ　ギャルが来る♪

○「キンチョーゴンゴンのコマーシャルソング」の替歌で「トリック好きのゴーンゴーン」

♪一、作業員の中には　被告が居る
アー欺けなかった　欺けなかった
欺けなかったよ　ゴーンゴーン
二、ボックスの中には　被告が居る

アー見抜けなかった　見抜けなかった
見抜けなかったよ　ゴーンゴーン
三、レバノンの国内には　被告が居る
アー知らなかった　知らなかった
知らなかったよ　ゴーンゴーン
四、会見場の中には　被告が居る
アー見とうなかった　見とうなかった
見とうなかったよ　ゴーンゴーン
五、アメリカの中には　協力者が居る
アー信じれなかった　信じれなかった
信じれなかったよ　ゴーンゴーン
ゴ～ンゴ～ン（除夜の鐘）♪

○「ラブ・マシーン」の替歌で「だいぶヒマ人」（関西版）。テクニック的には最高傑作！です。

♪ブスには勿体ない（ソヤソヤ！）
ワテはほんと　ナイスガイガイガイガイ
自分で言うくらい（ソヤソヤ！）
タダやろ　やろ（オッホン！）
スープは　熱けりゃ　フーフー！
腹へりゃ　オカキバリバリバリ
誰にも判らへん（ソヤソヤ！）
コンピューターって　いつ故障するか
ダイナマイト　2000年はダイナマイト
こんなに不景気ならば
　仕事は　リストラクション
こんなに景気悪けりゃ　フ・ア・ン！
見通しウィー！　会社に　就職希望やで
　　wow　wow　wow

ワテの未来は　wow　wow　wow　wow
仲間がうらやむ　yeh　yeh
　　　　　　　　yeh　yeh
前祝いをしようじゃないか
　　　　wow　wow　wow　wow
drink　drinking　all
　　　　　　of　the　night
モーニング・セットで
　　　　wow　wow　wow　wow
日替りランチで
　　　　yeh　yeh　yeh　yeh
作家も編集長も
　　　　wow　wow　wow　wow
drink　drinking　all
　　　　　　of　the　night
チャランポラン　チャランポランなやっちゃ
チャランポラン　チャランポランなやっちゃ
　　　　　　　　チャ！　だいぶひま人♪

○「赤い靴」の替歌で「赤いランドセル」

♪一、赤いランドセル　背負ってた女の子
　　　変態さんに連れ去られて　行っちゃった
　二、新潟の田舎から　車に乗って
　　　変態さんに連れ去られて　行っちゃった
　三、今では　ひどい目に　あっちゃって
　　　変態さんのおうちに　居るんだろ
　四、赤いランドセル　見る度考える
　　　変態さんを　見る度　考える♪

○「森の熊さん」の替歌で「森のくまいさ」

♪一、ある日　森・野中　他３人出会った
　　密室森・野中　権力を握った
　二、加藤ちゃんの　言う事にゃ
　　森さん　お辞めなさい
　　とことこ　とっことっこっと
　　とことこ　とっとと辞めなさい
　三、ところが　森さんは
　　あくまで　辞めない
　　とことこ　とっことっこっと
　　とことこ　とっことんまで
　四、あら皆さん　ありがとう
　　お礼に　しゃべりましょ
　　ペチャクチャ　神の国
　　ペチャクチャ　寝てりゃ良い
　　ペチャクチャ　女の
　　ペチャクチャ　会議が長い♪

○「ダイアナ」の替歌で「パパラッチの歌」

♪僕らがダイアナ殺したと
　　　　　周りの人は言うけれど
　何てったって　構わない
　　　　　僕らはダイアナ首ったけ
　死んでも君を離さない
　　　　地獄の果てまで追いかける
　オープリーズ　ステイ・バイミー　ダイアナ！

○「赤鼻のトナカイ」の替歌で「真っ赤なウソ本当かい！」

♪真っ赤なウソつく　横山（ノック）さんは
　いつも皆の笑い者
　でもその年の　クリスマスの日

サタンのおじさんが　言いました
暗い世の中　ツルツルの
お前のハゲが　役に立つのさ
いつも怒ってた　横山さんは
今宵こそはと　喜びました♪

○「ダンゴ３兄弟」の替歌で「ダンゴ３候補」
横山ノック辞任後の大阪府知事選

♪一、分裂選挙の候補　いつも通りの候補
泥を塗られた候補　ダンゴ３候補
二、今日は立ち会い演説　一番大事な演説
ウッカリ公約ド忘れて　固くなりました
三、今度立候補する時も
狙うは大阪府知事の座
出来れば今度は相乗りの
勝負の決まった立候補　候補
四、春になったら　選挙
秋になっても　選挙
一年通して選挙　ダンゴ３候補
ダンゴ　ダンゴ　ダンゴ　ダンゴ
ダンゴ３候補　ダンゴ３候補
ダンゴ３候補　タコッ！（ノック）♪

○「ツキ」の替歌で「出た出たウソが」

♪一、出た出たウソが　悪い悪いムチャ悪い
ボケのような　ウソが
二、又出たウソが　黒い黒い真っ黒い
悪魔のような　ウソが♪

○「炭坑節」の替歌で「まやかし節」

♪ウソが出た出た　ウソが出たコーリャ

〇〇〇〇（固有名詞）の　ウソが出た
あんまり　給料が高いので
さぞや　堀（耕輔）さん
うらやましかろ　さのヨイヨイ♪

〇「月光仮面は誰でしょう？」の替歌で「聖火ランナーは何処でしょう？」（北京オリンピック時＆東京オリンピック）

♪一、何処に居るかは　知らないけれど
誰もが皆知っている
聖火リレーのランナーは
五輪の味方よ　良い人よ
はやてのように　現れて
雲隠れして　去って行く
聖火の行方は　どこでしょう？
リレーのランナーは　何処でしょう？
二、誰が走るか　知らないけれど
誰もが皆　待っている
聖火リレーのランナーは
五輪の味方よ　良い人よ
手を振り振り　現れて
一生懸命　去って行く
聖火の運命　どうなるの？
五輪の開催　どうでしょう？♪

〇オリンピック関連メール（「スパイ大作戦」パロディー）

□お早ようフェルプス君。

知っての通り、オリンピックはわが国の国威発揚の絶好の機会である。そこで君の任務だが、オリンピック水泳競技で、前代未聞の金メダルを沢山取って、祖国の為に貢献することにある。例によって君、もしくは君のチームがドーピングによって、メダルを剥奪されても、当局は一切関知しないから、そのつもりで。なお、このメールは自動的に消滅する。成功を祈る。

□

ここからはヤバイ替歌を９曲。ヤバイ文字は伏せ字で○で示します。ヤバイ理由は、当時私が所属していた会社から、懲罰を受け掛けたり、トラブルの可能性が存在した曲が最初の３曲、真ん中の３曲はいわゆる春歌なので代表して「三大春歌」のみを示します。最後の３曲は、その創作の主旨を次章で示すが、最もヤバイ３曲です。なお、○の文字数と伏せ字の数は必ずしも一致しません。

○「今さらジロー」の替歌で「今さらお客さん」

♪一、あれは確か　２ヵ月前の　雨降る昼間
ことわり文句を　ねじ伏せて　契約取った人
部屋の隅に飾ってある　営業グラフ
喜んで書いた日も　あったっけ
今さらお客さん　キャンセルなんて　お客さん
言わないでよね
○○（会社名）を止め
他の会社を　申し込むなんて
今さらお客さん　罪だよお客さん　私にとって
昔は昔　今は今
ルルララー　ルルルルララー
ルルラララ～　シャボン玉だね　今月の成績

二、元気ですか？　入金まだですか？　どうなってますか？
よそよそしく　猫なで声で　催促したら
白々しく　おことわりと　つれない返事
目の前が　真っ暗に　なっちゃった
今さらお客さん　キャンセルなんて　お客さん

言わないでよね
私の給与体系　知ってるなら　そっとしといて
今さらお客さん　罪だよお客さん　私にとって
昔は昔　今は今
ルルララー　ルルルルララー
ルルラララ～　シャボン玉だね　今月の給料♪

○「浪花節だよ人生は」の替歌で、「浪花のブスだよ○○は」

♪一、申し込めと言われて　素直に申し込んだ
金を払えと言われて　その気になった
バカなお客が　奴隷になって
よせば良いのに　追加申し込み
浪花節だよ　○○の○○の営業は
二、ウソは先輩が　教えてくれる
酒も上司が　飲ませてくれる
そんな会社に　振り回されて
消えた社員が　また１人
浪花節だよ　○○の○○の営業は♪

○「愛の水中花」の替歌で「あ～良いの○○が」

♪一、これもブス　あれもブス
多分ブス　きっとブス
だって淋しいものよ　もてないなんて
いつもブルーで　不機嫌で　お茶を引いてる
１人ぼっちの部屋で　猫を相手に
いつも悲しい気分で　夢を見ている
乾いたこの体に　○○与えて下さい
金色の○を２つ　私に与えて下さい
私は○○（店名）の　○○です
これもブス　あれもブス

多分ブス　きっとブス♪
○春歌ベスト３の１つ「お久しぶりね」
♪一、お久しぶりね　あなたと○○なんて
あれから何回　○○かしら
少しは私も　○○になったでしょ
あなたは良い事　出来たでしょうね
１回だけの　積りが
時のたつのも　忘れさせ
別れづらく　なりそうで
なんだかこわい
それじゃあさよなら　これきりと
やらしく○○　したけれど
今では本当に　○○なのと　笑ってみせる
もう一度　もう一度　○○変えて
もう一度　もう一度　○○したいね
二、お久しぶりね　こんな真夜中に
あなたから　○○くれるなんて
おかしい位　○○な○○で
私に迫るから　やる気がおきた
もしも今でも　○○なら
○○みたいな　行為をして
○○交してみたいねと　笑って見せる
それじゃこれきり　○○と
やらしく○○したけれど
○○知らずに○○して来る　どうかしてるね
もう一度　もう一度　○○変えて
もう一度　もう一度　○○したいね
もう一度　もう一度　○○変えて

　　もう一度　もう一度　○○やりたいね♪
○春歌ベスト３の１つ「悲しくてジェラシー」の替歌で「楽しくてやらしい」
♪一、濡れた○○　アハーハー
　　お前の○○　アハーハー
　　○○してちゃ　判らないぜ
　　ロンリーロンリー　ロリコン
　　浮気な女　アハーハー
　　○○する　アハーハー
　　そのやり方　節度が無いぜー　ジェラシー
　　愛され　てるのに　いけない○○
　　男と女は　○○し合う
　　初めて本気で　○○したのに
　　男と女は　楽しいね
　　二つの体を○○したら
　　ウォウウォウ　やらしい
　二、○○に愛撫　アハーハー
　　○○しまくる　アハーハー
　　後から○○する　○○よ
　　濡れた○○ハハハーン　拭いてやるよハハハーン
　　淋しさを　なぐさめてくれ　ジェラシー
　　愛されてるのに　行けない○○
　　男と女がする事は　いつでも○○　○○合わせ
　　男と女は　楽しいね　２つの○○　重ねたら
　　ウォウウォウ　やらしいー♪
○春歌ベスト３の１つ「魅せられて」の替歌で「見せられて」
♪一、下向きに付いてる　○○を開け
　　一人で見ている　○○の色

　　○○過ぎると　恐くなる
　　○○に良く似た　私の○○○
　　ウィンド越しでも　イイジャン
　　○○は気持ち良い
　　好きな男の　腕の中でも
　　違う男の　○○見る
　　ん～　ハ～　ん～　は～
　　私の○○に　○○なさい
　　ウィンド越しで　イイジャン
　　○○は気持ち良い
　二、夕べの余韻が　隅々に
　　気だるい甘さを　残してる
　　レースの○○　引きちぎり
　　体に巻きつけ　○○踊って　みたくなる
　　ウィンド越しで　良いジャン　女は○○
　　好きな○○　引かれながらも
　　強い○○に　引かれてくん～
　　は～　ん～　は～
　　私の○○　○○なさい
　　ウィンド越しで　良いジャン　女は○○♪
○オウム真理教シリーズパート8「東京音頭」の替歌で「サリン音頭」
♪一、ポアー　サリン撒くなら
　　チョイト　霞ヶ関が　良い良い
　　花の都の　花の都の真ん中で　さて
　　チョット撒いたら　人が死ぬ
　　もっと撒いたら　パニックだ
　二、ポアー　朝が良い良い

チョイト通勤電車　ヨイヨイ
人ごみ掻き分け　人ごみ掻き分け
　　　　　　　　ビニールの　サテ
袋を突けば　ガスが出る
もっと突いたら　効果的
警官隊も　消防隊も　元気出して
　　　　　　　　　　元気出して♪

私が創った替歌で、最も罪悪感を感じて創った歌。だが、あの残酷な事件を起こした信者達は、この歌の程度の気分の愉快犯ではなかったのか、と痛烈に揶揄する気分で創った。

○「どしゃ降りの雨の中で」の替歌。広島県の山間部で線状降水帯の豪雨で家を流された家屋のニュースをテレビで見て創った。

♪一、とても悲しいわ　我が家とはぐれて
　　流れる家屋を　見つめているのは
　　ドシャ降りの雨の中で　私は泣いた
　　我が家での　想い出を　強く抱きしめて
　二、皆知ってたの　いつかこうなると
　　それでも苦しい　あきらめるなんて
　　ドシャ降りの雨の中で　私は叫ぶ
　　信じていたい　いつの日か
　　我が家の再建を
　三、たった一晩の　大雨だったけど
　　これきりにしたい　昨日の悪夢
　　ドシャ降りの雨の中で　私は歩く
　　１人ぼっちの街の角　灯りが溶ける♪

○「上を向いて歩こう」先年秋のヘップファイブ前飛び降り自

殺事件で通行人が巻き込まれ、２名死亡した痛ましい事故直後に創った。タイミングがタイミングだけに、大きな反発と非難を受けた。次章で私の見解を述べる。

♪上を向いて　歩こウォウォウォ
　飛び降りに　巻き込まれないように
　想い出す　あの日　１人でショックの夜
　かの君は雲の上に　被害者は空の上に
　上を向いて　歩こウォウォウォ
　滲んだネオンを　数えて
　泣きながら　想う　１人で無念の君
　想い出す　秋の日　１人でショックの夜
　被害者は雲の上に　かの君は空の上に
　上を向いて歩こウォウォウォ
　飛び降りに　巻き込まれ　ないように
　恐れながら　歩く　ヘップファイブの道♪

私のパロディは、何も歌謡曲の替歌だけに限ったことではない。本文でも、俵万智さんの「サラダ記念日」の本歌取りの歌を掲載し、この文章中でも、「スパイ大作戦」のテープのパロディを扱った。それ以外の作品も、ついでに示そう。

１つは川柳の替句。

○「国体とは　俺のことだと　穀田言い」

日本共産党の穀田恵二氏は、20年間、党の国対（国会対策委員長）を勤めた。以前から、穀田という名字で国対委員長とは語呂が良いな、と感じていたので、ここで取り上げた。これには有名な元句がある。それは、「ギョルテとは　俺のことかと　ゲーテ言い」という川柳である。大学生時代に、ゲェテの発音に拘る教授が居た。ゲェテの「エ」の発音は、口の形を「オ」にして「エ」と発音するのだそうだ。私が発音すれば「ギョーテ」のようなカナ表記になってしまうであろうが、「ギョルテ」と表記する人物も居たのであろう。これを揶揄して先の川柳が創られたのだが、それを元句として、私はこの替句を創った。

○落語の「平林」のパロディで「富田林」

古典落語に「平林」という出し物が在るのは、多くの人が知るところであろう。ヒラバヤシという名字の発音をど忘れした人が、通り掛かりの人々に尋ねたところ、尋ねる人ごとに「タイラバヤシ」「ヒラリン」「イチハチジュウノモクモク」「ヒトツとヤッツでトッキッキ」と有り得ない返答が返って来る、というナンセンス落語である。この落語をパロッてみた。

大阪府内・南河内に「富田林（トンダバヤシ）」という都市が在る。結構歴史的な由緒のある都市だが、全国的な知名度としては、ＰＬ教団の本拠が在るので、ＰＬ花火が有名なのでご存知のお方もいらっしゃるであろう。この「トンダバヤシ」を「ヒラバヤシ」になぞらえて、地名をど忘れした人が通り掛かりの人々に尋ねると、「トムデンハヤシ」「フタリン」「ウーロタタのモクモク」「ウイチグチでタタキッキ」との答えが返って来た、とのナンセンスな落語に仕上げパロッた作品である。「それは飛んだ事でしたなあ！」「あっ、とんだばやしやったんや！」という下げまで創った。仲々の力作であると一人よがりしているのであるが、いかがなものであろうか？

○格言・金言集（ダイエット版）

私は幼少時より肥満気味である。従って、ダイエットの必要性・困難性は身に染みている。従って、日本全国のダイエットに奮闘努力・苦闘していらっしゃるお方へのエールを込めて（？）、ダイエットに関する先人の金言・格言を捏造したので、お楽しみ頂きたい！　格言・金言集を１冊チェックして発想を養った力作（！・？）である。

・感謝感激雨霰 → 油断大敵アメ・アラレ
・切歯扼腕 → 拙者食わん
・ああ言えばこう言う → あれ食えばこれ食う
・雨降って地固まる → アメ食って体に滞まる
・言うは易く行うは難し → 食うは易くダイエットは難し
・上を見れば切がない → 飢えを言えば切がない
・江戸の敵を長崎で → 江戸前の敵を長崎チャンポンで
・知らぬが仏 → 食わぬが放っとけ
・過ぎたるは及ばざるがごとし → 食べ過ぎたるは及ばざるがごとし
・善は急げ → お膳は急ぎ食え
・年寄の冷や水 → 何よりの冷ムギ
・人のフリ見て我がフリ直せ → 人の腹見て我が腹直せ
・不満を溜めると肥満になるよ！

○小話・天皇陛下退位

平成30年、天皇は自ら退位され、退位の式典が宮中松の間で滞り無く終了した。退位し上皇となられた前天皇は緊張がとけて、廊下で一発漏らされた。それに気付いた侍従長、すかさず上皇にアドバイスした。「へーか？　ここは松の廊下、殿中でございます！」（不敬罪に問わないでね m(-_-)m）

○替歌番外編ソフトポルノ歌その１、「神田川」の替歌で「噛んだわね？」

♪一、貴方はもう忘れたかしら
　　　赤いふんどし　マフラーにして
　　　２人で行った　横丁のホテル
　　　一緒に行こうねって　言ったのに

いつも貴方が　早かった
悶えた体が　芯まで冷えて
小さなベッドが　カタカタ鳴った
貴方は　私の体を抱いて
失敗したネって　言ったのよ
若かったあの頃　何度でも恐くなかった
ただ貴方が　早いのだけが　恐かった
二、貴方はもう捨てたのかしら
24枚も　フィルム買って
貴方が撮った　ポラロイド
うまく撮ってネって言ったのに
いつも　ピントがズレていた
又の下には　コンドーさん
3畳1間の小さな下宿
貴方は私の　股ぐら見つめ
欲求不満かい　って聞いたのよ
若かったあの頃　何度でも恐くなかった
ただ貴方の　早漏だけが　恐かった♪

○替歌番外編ソフトポルノ歌その2、「ラブユー東京」の替歌で「ラブユーパンティー」

♪一、7色のパンティー　盗られてしまったの
水玉模様の　私のパンティー
あのパンティー　だけが　はきがいなの
忘れられない
返して　返して　私のパンティー
二、あのパンティー　無しじゃ
ジメジメ　するわ
水玉模様の　私のパンティー

明日からは　あのパンティー無しで
生きて　行くのよ
返して　返して　私のパンティー
三、あのパンティーを　きっと見つけるわ
水玉模様の　夢見るパンティー
お馬鹿さんね　あのパンティーだけを　干してた私
返して　返して　私のパンティー
ルルルー　ルルルルー
私の透け透けパンティー♪

○替歌番外編ソフトポルノ歌その3、「うれしいヒナ祭り」の替歌で「ヤラシイヒナ祭り」

♪一、灯りを消しましょ　ボンボリの
お花を見せましょ　フトモモの奥
5人掛りで　やりまくる
今日はやらしい　乱交パーティー
二、お内裏様と　お雛様
2人並んで　スケベ顔
お嫁にいらした　姉様が
よくやる　浣腸・SMプレイ
三、着物を　脱いで　帯解いて
今日は　私も　ストリップ
春の弥生の　この良き日
何より　やらしい　雛祭り♪

さあ、どうでしたか？「イヤー！　パロディー・替歌って、本当に奥深く楽しいものですね！　それではこれからも、ご一緒に楽しんで行きましょう！」

最終章　リフレイン

いよいよ最終章まで辿り着いた。この章では、今までの章でそれなりに述べて来た私の主張を、端的に、明ら様に述べたい。その導入として、私の過去の体験をまず告白したい。

私には、社会に出てから間も無く、居酒屋Kを馴染みにするまでの約30年間程、行き付けにしていた小料理屋があった。2人の女性の共同経営でその中の1人、私より6、7歳年上の彼女と何故か気が合った。色んな世間話や社会問題等を論じ合い、それなりに共通のアイデンティティーを共有している、と信じていた。そのアイデンティティーがあっけなく崩れ去る事件があった。その当時、最も泣ける映像作品のアンケートがマスコミで報道された。多くの人々が納得するであろうそのベスト3は、「フランダースの犬」「火垂るの墓」「タイタニック」であった。特に私は「火垂るの墓」が一番気に入っていた。ある日、そのテレビ放映の録画テープを私は店に持参した。彼女は戦中世代であり、映画と同じく阪神間で育ったと聞いていたので、きっと感動してくれると思い、持参したのだ。ビデオテープを渡してからそれなりの日にちが経過し、彼女がそのテープを返却して来たので、私は期待してその感想を尋ねた。ところが暗に相違してその返事は、「別に！」という白けた返事であった。「火垂るの墓」は悲しい作品だ。日本人であるならば誰でも、鬼さえも涙を流す作品だ。あれを観て涙を流さない人間は、人間じゃなく悪魔か魔女に違いない、とまで思い込んでいた私には、この事実は不思議千万であった。そこで彼女に「何で？」と尋ねた。彼女の返事を聞いた私は、一瞬で凍り付いた。彼女の答は、「あのような経験は当時誰でもしているし、それにあの映画はマンガでしょう？　現実感を感じないわ！」

というものであった。そうか、彼女にとっては、あの映画は単なるマンガだったのか！　私は彼女の言った「マンガ」と言う言葉に、アニメに対する底知れぬ、抜き差しならぬ偏見を感じ取ったのだ！　2020年は、映画特にアニメ映画にとって画期的な年になった。「鬼滅の刃」が興行収入歴代１位を記録した事はもとより、「羅小黒戦記（ロシャオヘイせんき）」や「Ａｗａｙ」等の非常に優れた作品が次々と上映された。この現状を、彼女はどんな思いで感じているのであろうか？　だが、今それを私が確かめる術は無い。「火垂るの墓」の一件以来、私と彼女の関係は徐々に疎遠になってゆき、そのうちに店も閉店してしまい、私と彼女とは、今では音信不通になってしまったからである。

何故、こんなエピソードを紹介するのか？　私はそこに、現在の替歌に関する根深い偏見と、未来の替歌の評価の有るべき映像を重ね合わせているからである。有馬氏の著書に在るがごとく、替歌はかつて大きな歌の潮流の真ん中に位置する存在であった。今はそうではない。表舞台の片隅に追いやられた「裏の文化」の中に位置している。だがしかし、きっといつか替歌はかつての隆盛を取り戻し、いやその真の存在価値が再認識され、日本の文化の中に確固とした位置を占めることを望んでいるのである。今はその過渡期である、との認識なのだ！

かの有名な、キング牧師の演説のパロディーを以って示そう。
「私には夢があります。それは、いつか将来、あの日本文化の偉大なる丘の上の芝生で、日本の歌謡曲の元歌と替歌を、皆が手を取り合って交互に唄う日がきっと来る事。それが、私の夢なのです」

だが、今の現実はそんなに甘くないことも、私は理解しているつもりだ。替歌を巡る現在の状況には、強烈な嵐が吹き荒れている、と私は考えている。その現実を明確に示す為に、ヤバイ替歌を３つ例に出したのだ！

この３つの替歌は、私が携帯メールを送る事が出来る、ごく少数の人物にしか公開していない、ごくプライベートなものである。ＳＮＳはキライだ！　平気で無責任な発信をする。自分は安全地帯に居て、予告もなく、名前も明らかにすることなく、他人を攻撃する。その為に犠牲になって、自殺した人も居ることは、先刻ご存知の通りである。マスコミも基本的には同じである。ただ、存在が明らかであるので、不満があれば抗議できる。

さて、この３つの替歌を創るに当って、私が最も気が引けたのは、オウム真理教を揶揄した「サリン音頭」である。内容だけを見ると、オウム真理教の蛮行を肯定しているように受け取れるからである。だが結果は、そうではなく、一番「ウケた」のである。私の今までの言動から、オウムの肯定ではなく、否定の歌である事が判っていたからであろう。それに反して後の2つは反応が悪かった。反応が悪いと言うよりも、たしなめられたり、叱咤されたのだ。だが、内容を見て頂きたい。これが叱咤に値する内容なのか？　そうではない。内容的には事実を事実として述べた、だけなのだ。それが何故叱咤されなければならないのだ？　答えは１つ、替歌だからである。これが普通の文章で同じ内容を述べたものであったり、ニュース映像であれば、誰も文句は言わないと思う。だが替歌であれば、替歌は対象を揶揄し、ばかにし、笑い者にする下品な手法である、との先入観・偏見・蔑視すべき物であるが故に、しかもその創り手が名も無い一般人であるが故に攻撃対象にされたのだと、私は思っている。時々マスコミが、被害を受けた人に対して「ご感想は？」等と無慈悲な質問をするのを見て、私はニガニガしく感じた事が一度ならずあった。それと同列に扱ってほしくはない。さらに言えば、私に対しては、その矛先を私に向けた人間が同じ事をマスコミに対して抗議した事があるのか？　弱い立場の人間を攻撃し、強い者にはむかわない、差別されている人間が、本来差別される者の味方である人間を差別する、それが日本人の悪い実態であると私は感じている。以前淡路島で、全国の海外援助のボランティアを行なう人々が一堂に会した集会に参加した事があった。次々と、これ見よがしに、自分達が行なって来た活動を自慢気に報告していた。それを黙って聞いていたある在日朝鮮人の女性が涙ながらに述べた言葉に心引かれた。「あなた方の活動を自慢する前に、あなた方の理想を述べる前に、今あなた方が踏んづけている私達への足をのけて下さい！」私はこの言葉にただ下を向いて涙を流す事しか出来なかった。

もう1つ言わせて下さい。私の創った「どしゃぶりの雨の中で」の替歌を広島の被災地をもし和田アキ子さんが訪れ歌ったとしたら、「上を向いて歩こう」の替歌を日航機事故で亡くなった坂本九さんの遺族がヘップファイブの事故があった命日にあの場所で歌っていただけなら、どれだけ犠牲者・被災者のなぐさめになることか！　私はそんな思いを込めて、これらの替歌を創った。替歌の性質上、歌の一部分しか披露出来ず、また「タイムリー」に悲しみにくれ、そっとして貰いたい時期にこの歌と遭遇してしまった事は申し訳なく、不徳の致す所であると反省している。私の本意をご理解頂きたい。

かなりの芸術家・作家が思い、述べているように、その作品は造り上げたのではなく、生まれて来たのだ、と感じる事があるようだ。私も、机にかじりついて作品をしぼり出すプロではなく、好きな時に興にまかせて創作するアマチュアである。だから、替歌は生み出すのではなく、生まれて来るのである。生まれたがっている替歌をこの世に取り出し、育てる産婦人科の医者、もしくは看護師なのだ。だが、生まれ出てくる赤ん坊には、取り上げた人間としての責任がある。

本文でも述べたように私は映画が好きである。最も誤解を受けている映画として3つ挙げておきたい。それは「グレイストーク・ターザンの伝説（1984年）」「ドラキュラ（1992年）」「フランケンシュタイン（1994年）」である。原作に忠実に描かれた作品を観ている。「ターザン」は「グレイストーク」といって英国貴族の血を引く人物である。西アフリカ探険の途上遭難した両親を亡くし、サルに育てられた主人公が発見、帰還し家を継ぐが、博物館で捕えられオリに囲われたかつての育ての家族と遭遇し、胸を叩いてほえる様は悲しかった。「ドラキュラ」の原作者ブラム・ストーカーは原作を世紀を越えて蘇った男女の悲恋物語として創作した。かのアカデミー賞男優ゲイリー・オールドマンがドラキュラに扮し、恋人からの別れの手紙にハラハラと涙を流すシーンは涙を誘った。「フランケンシュタイン」は怪物を創った博士の名前である事はご存知の通りである。姿が醜いが故に人から迫害され、目の不自由な少女からは優しくされるが周りの人達に追い出され、連れ合いを造って貰う事を博士に懇願するも拒絶され、北極まで追い掛けたが果せず、ついに亡くなった博士を焼く炎の前で号泣するロバート・デ・ニーロの迫真の演技は涙なしでは正視出来ないものであった。作者のシェリー夫人は女性であるからこそ、この物語を創作出来たのであろう。男性には決して表現出来ない、生命に対する愛情である。私の創作した替歌は「フランケンシュタインの怪物」なのか？　決してそうではない！　私は自分の創造物に最期まで責任を持つ。それが、親としての努めなのだ！　これはネコ達に対してもそうだ。人間と共に暮らす為とはいえ、動物が本来持っている生殖能力を去勢して、自らの家族にしたのだから、その将来に何があろうとも親としての責任を果す。それが当り前の義務である。

「世界に一つだけの花」の替歌を創りながら考えた。花屋って何だろう？　植物も花も生き物である。それを切り刻んでお客様に売る。動物で言えば、肉屋じゃないか！　そして、それを買って花瓶にいけ、それをめでている人間って、植物が徐々に死んで行く様をながめて喜んでいる残酷な趣味の持ち主じゃないか！　だから花束じゃなく鉢植えを下さい。命の最期まで責任を持てるから。

鉢植えをください　あなたから
鉢植えをください　花束じゃなく
命の最期まで　責任を持って　育てて行ける
鉢植えをください

人類のことをホモ・サピエンスとかホモ・エレクトゥスとか呼ぶ。生物学上の名前を付ける場合、ラテン語を使用するのが慣例になっている。私はラテン語を学んだ事がない。だから、こういう場合正確にはどう言うのだろう。人間とはものまねをする動物なのだ。他の動物には仲々出来ない芸当であろう。人間は「ホモ・パロディクス」なのだ！　用語が違っていれば、訂正して下さい。

最後に決定的な事を言おう。この文章を読んでいるあなた！正否はともかくとして、私が何を主張しているのかは判るはずだ。何故判るのか？　日本語で書かれた文章であり、あなたも日本語が理解出来るからだ！　何故日本語が理解できるのか？長年、周りの人が話し書く日本語を「まねて」自分の物として来たからなのだ！「人のまねをする」事こそが、日本人を日本人たらしめ、ひいては人類を人類たらしめて来た要因なのだ！「人のまねをする事」こそ、人類の特長であり、人類文明・文化の根源なのだ！　今後も人類の発展と共に「ひとまね」は光り輝くのだ！

人類文化における替歌に
正統なる評価を
替歌に　正義あれ！
替歌に　栄光あれ！
替歌に　未来あれ！

2021年5月29日
子子子・子子子

○「替歌カクテル」の勧め

有馬氏の著書を読んで、改めて気付かせられた。世の中には結構何種類かのバリエーションを有するはやり歌が在るものだ。時には、それらを正調や元祖等と称して「本家争い」としたり、他と厳密に区分して扱い、「誤用」を防止しようとする気風も見受けられる。それに対して私の主張は、それらにあえて反抗して、同様の歌は仲良く、時にはミックスして歌って何が悪い、楽しく、面白くなれば良いではないか、と考えるものである。まだるっこしい主張はこれ位にして、具体例を示そう。例を示すのに最も適切な材料として、私は「ズンドコ節」を挙げたい。まずミックスの例を示した後、その解説をしよう。

　　　　ミックス・ズンドコ節

♪一、学校帰りの　森陰で
　　　　僕に駆け寄り　チューをした
　　セーラー服の　おませな子
　　甘いキッスが　忘らりょか
　　ズンズンズンズン　ズンズンドコ
　　ズンズンズンズン　ズンズンドコ
　二、毎日通った　学食の
　　　　赤いほっぺの　女の娘
　　内緒でくれた　ラーメンの
　　しょっぱい味が　懐しい
　　ズンズンズンズン　ズンズンドコ
　　ズンズンズンズン　ズンズンドコ
　三、向こう横丁の　ラーメン屋
　　　　赤いあの娘の　チャイナ服
　　そっと目くばせ　チャーシューを
　　いつもおまけに　二、三枚

ズンズンズン　ズンドコ
ズンズンズン　ズンドコ

四、散歩しようか　踊ろうか
　　一緒に居ましょ　アイ・ラブ・ユー
グッド・ナイトの　2人を
　　ウインクしている　街灯り
ズンズン　ズンドコ
ズンズン　ズンドコ

五、1年前には　知らなんだ
　　半年前にも　知らなんだ
若い2人が　いつの間に
　　こんなになるとは　知らなんだ
ズンズン　ズンドコ
ズンズン　ズンドコ

六、可愛いあの娘が　涙のいさめ
　　恋に生きよか　男になろか
ままよ浮世は　義理ゆえつらい
　　男心を誰が知る
トコ　ズンドコズンドコ

七、汽車の窓から　手を握り
　　送ってくれた　人よりも
ホームの影で　泣いていた
　　可愛いあの娘が　忘られぬ
トコ　ズンドコズンドコ

八、元気でいるかと　言う便り
　　送ってくれた　人よりも
涙でにじむ　筆のあと
　　いとしいあの娘が　忘られぬ

トコ　ズンドコズンドコ
九、今夜も　あの娘を　夢で見る
会いたい　見たいと　夢で見る
夢を見なけりゃ　なんで見る
見るまで　一日　寝て暮らす
ズンズン　ズンドコ
ズンズン　ズンドコ
（チャー　チャラララ　チャララララ
チャチャチャ　チャラララララー）　ヘイッ！♪

どうであろうか？　我ながら、仲々の力作であると思うのだが！　この「ミックス・ズンドコ節」には5種類の「ズンドコ節」の替歌がミックスされている。元歌は含まれていない。と言うより、私は元歌の歌詞を知らない。つまり元歌と言われている歌は実は替歌で、元歌は別にあるらしい、と言う事なのである。一応元歌と言われている2種類の替歌、すなわち六番と七、八番の歌には元歌のはやし言葉である（トコ　ズンドコ）というはやし言葉を付けた。「アキラのズンドコ節」（1960年作）には（ズンズン　ズンドコ）、「ドリフのズンドコ節」（1969年作）には（ズンズンズンズン　ズンズンドコ）、「キヨシのズンドコ節」（2004年作）には（ズンズンズン　ズンドコ）のはやし言葉を、歌詞の後のみに付けた。歌の出所を明らかにする為と、前の「ズンドコ節」との整合性をはかる為である。これらの歌をミックスし、共通のテーマである「男と女の恋の道行き」を際立たせ、しかも各歌のかかわり合い・リスペクト・オマージュ・ライバル意識を浮き出させた、「ミックス替歌」ではなく別種の替歌を創作した「替歌カクテル」を提示したつもりである。その種明かしをしよう！

私にとって馴染みの「ズンドコ節」は、やはりドリフターズのそれであるので、それから始めよう。この歌は「アキラのズンドコ節」よりも当然後で作られたものではあるが、「アキラ」や「キヨシ」のズンドコ節とは違い、「元歌」へのリスペクトに満ちているのが、大きな特長である、と今さらながら感じる。すなわち、八番に私が入れた「元歌」に対するリスペクトである。七番の歌詞はドリフターズの５人が一番ずつ歌った後、いかりや長介の「元歌！」との合いの手の後にドリフが全員で歌っている。がしかし、この歌には別の通称がある！　それは「海軍小唄」と言って、戦争中主に海軍で歌われていた、からである。その一番の歌詞が私の七番、そして三番が私の八番なのである。それでは「海軍小唄」の二番の歌詞は？　こんな歌詞である。

二、花は桜木　人は武士
　　　　　　　語ってくれた人よりも
　　港のすみで　泣いていた
　　　　可愛いあの娘が　目に浮かぶ
　　　　トコ　ズンドコズンドコ

私はドリフの歌を聞いて、組織の都合で仲を引き裂かれる男女の悲哀は、今も昔もそんなに変わらないんだなあ、と邪推していた。そうではないのだ。可愛いあの娘がホームの影で泣いていたのは、出征兵士を送る人々の歓声の中で、これが「永（なが）の別れ」ひょっとすると「今生の別れ」かも知れないことを予感して泣いているのだ！　二番・三番を合わせて考えると、その事は明白なのだ‼　そして、「ドリフのズンドコ節」の一番で僕にチューをしたおませな子が着ている服が「セーラー服」でなければならない理由が判明するのだ!!!　この子の名前は「可愛いスーちゃん」であると言ってしまえば、私の勇み足であるが、作詞者はそう思っていたに違いないと思う。

これと同種のリスペクトは「ドリフのズンドコ節」に対する「キヨシのズンドコ節」にも見られる。それが、私の二番と三番である。向こう横丁のラーメン屋でチャーシューを余分に入れてくれたあの子が着ていたチャイナ服の色が何故「赤い」のか？　二番を見れば判るのだ！　そしてその味はしょっぱかったに違いない‼

「キヨシのズンドコ節」のリスペクトは「アキラのズンドコ節」にも向けられている。「元歌」のはやし言葉が歌の後にはやされる他の民謡と同様の手法であるのに対して、冒頭からはやし言葉を連呼する斬新さは、「アキラ」から「ドリフ」と「キヨシ」に受け継がれた遺産である。それに対して、はやし言葉の「ズン」が「アキラ」は２つ、「ドリフ」は４つ、「キヨシ」が３つであり、しかもいずれもが一世を風靡したのはスゴイ！としか言いようがない！「アキラ」と「キヨシ」に共通しているのは、本来の「ズンドコ節」は歌詞の後半部分であり、前半にはメロディーは似ているが、別の節の唄がかぶせられている事である。厳密には元歌の替歌とは私は見なさなかったので、替歌カクテルには加えなかったが、作曲家の立場になってみれば、この部分が自らのプライドの誇示であろう。単なる元歌の模倣ではないと自己主張する為には不可欠の要素なのであろう。先に述べた「じんじろげ」が取って付けた継ぎはぎの感がするのとは、質が違うと私は評価したい。

最後に六番であるが、これは戦後間も無く、田端義夫が出したレコードで歌われたものだ、とのことであるが、私はまったくその歌を知らない。有馬氏の本で紹介されているし、確かに「ズンドコ節」であるようだ。有馬氏の本では、この「ズンドコ節」と「海軍小唄」とが戦後の二大潮流であったとのことらしい。この歌が字余りに感じるのは、そのせいもあるのだが、歌ってみると余り違和感なしに「ズンドコ節」として歌える。それ故、「カクテル」に加えた。字余りを違和感と言うなかれ！　かの有名な「ブルー・シャトウ」の替歌、
♪森トンカツ　泉ニンニク　かーコンニャク
　まれテンプラ　静かニンジン　眠るルンペン
　　ボローボローシャツ♪
は元歌の何と２倍近い語数であるのに、何と違和感無く歌えるのだ！　そうだ、替歌にタブーなど存在しない。自由自在に、アナーキーに歌えば良いのだ！　替歌カクテルバンザーイ！　皆さん替歌カクテルを造って大いに楽しみましょう！

私のこの手法は、私が編み出した手法なので、私が名付け親になる。「替歌ミックス」「替歌チャンポン」「替歌チャンプルー」等色々考えられるが、別々の酒をミックスして、まったく新しいテイストを創造するカクテルをリスペクトして、また「抗体カクテル」なる新語を模倣して、「替歌カクテル」と命名した！　私はこの「替歌カクテル」の「カクテルズンドコ節」によって、それぞれの「ズンドコ節」の相互の関わり合い、プロの作詞家・作曲家の意地とプライド、リスペクトの最高傑作をこの様な形で紹介出来た栄誉を誇りに感じる次第である！

○サイボーグ替歌

替歌に正統派や異端派などを云々するなど、ナンセンスなのだが、これまで私が主張して来たワンコーラス全てを替歌にする「正統的」なやり方以外に、いろんな裏技があってしかるべきであると思う。その中でも、何十年も前に深夜のラジオ番組で放送された裏技は出色の出来映えであった！　こんなワザである。日本の歌詞はほとんどが七五調であるので、その歌詞の

一部を他の言葉に置き換えても語呂は変わらない。その意味がおもしろおかしく変化すれば、この上ない替歌として成立するのである。具体例を示せば一目瞭然であろう。では、「ウサギとカメ」の歌詞の一部分を「いい気持ち」に置き換えると、次のような歌になる。

一、もしもしカメよ　　いい気持ち
　　世界のうちで　　　いい気持ち
　　歩みののろい　　　いい気持ち
　　どうしてそんなに　いい気持ち
二、何とおっしゃる　　いい気持ち
　　そんなら私と　　　いい気持ち
　　向うのお山の　　　いい気持ち
　　どちらが先に　　　いい気持ち

これはたまたま最高傑作となったが「バカタレ、め！」でも「面白い」でも、意味が繋がれば良いのだ！　同様に７文字を「いい気持だワ！」とか「馬鹿にするなよ！」でも良いのだ！かなり幅広いジャンルの歌に適用可能だと思われるので、是非お試しいただきたい！

○スワップ替歌

「走れコウタロー」がヒットした頃、「デビークロケットの歌」とよく似ている、との評判があった。確かによく似てはいるのだが、ボリュームがかなり違うので、私個人としてはあまり気にも止めていなかった。ところが、先年の自民党総裁選で「走れコウタロー」の替歌で「走れ河野太郎」を創作して、この両者の歌の関連を考えてみた。歌が似ているのなら、歌詞をを交換してもメロディーは成り立つのではないか？　試してみた。

これから始まる大レース
　　　　　その名はデービー・クロケット
たった３つで熊退治
　　　　　今日はダービーめでたいな
走れ走れコウタロー
　　　　　西部の快男児（あれっ？）
ではパターンを逆にして、
テネシー生まれの快男子
　　　　　ひしめき合っていななくは
天下のサラブレッド４才馬
　　　　　その名を西部にとどろかす
走れ走れコウタロー
　　　　　西部の快男児（あれっ？）

どちらも、最後のオチは、コウタローは西部の快男児（快男子）だという結論になることなのだ！（そんなアホな！）

同じようなケッサクが埋もれているかも知れない。是非皆で捜してみよう！

○チン説浦島太郎

むかしむかし、ある海辺の村での出来事です。気まぐれ漁師の太郎さんが家へ帰る途中に、近所が何やら騒がしい様子です。

「これはこれは、何だか騒々しいと思ったら、お隣の出っ歯の亀さんじゃないですか､何かやっかい事でもあったのですか？」

「これはこれは、お隣りの太郎さん、良い所に来てくだすった、いやね、ちょっと誤解があって、この熊さんから責められて困ってたんでさあ！」

「やあ熊さん、これまたどうした事ですか？」

「どうもこうもねえや、この出歯亀の野郎、とんでもねえ奴だぜ！　俺とカカアが楽しんでるところを、戸の隙間から覗いてやがったんで、今こっぴどく罰を与えているところなんでえ！」

「それは穏やかじゃないですね、ま〜、ほんの出来心なんで、私に免じて許してやっておくんなさい。このつぐないはきっとさせますから！」

「あんたがそう言うなら、今度だけは許してやるが、2度とするんじゃねえゾ、この出歯亀が！」

「申し訳ありません、恩にきます！」


「イヤー、太郎さん助かったよ、なにかお礼をしなくちゃナー！　そうだ、俺があんたを良い所へ連れて行って差し上げやしょう。なんの俺は人力車夫だ、ひとっ走りで良い所へご案内いたしやすぜ、まかしておくんなせー。」

　気のいい太郎さんは、誘われるまま人力車に乗り込みました。ところが、着いた所は色街でした。

「おや、ここは浦島新地じゃないか！　えらく凄い所に来ちまっちゃったネ〜！」

「ここの竜宮楼の乙姫太夫は良い女でネ、まあ一度お試しあれ、きっと気に入りますですよお〜！」

　確かに乙姫さんは、テクニック抜群でありました。しかもこの竜宮楼の名物は、新鮮なタイやヒラメの踊り食いでした。ひとたまりも無く太郎さんは竜宮楼のとりことなり、月日はアッと言う間に過ぎて行くのでありました。たまらないのは太郎さんの家族でした。色街に入りびたりの道楽息子を持つとの評判に堪えられず、太郎さんの一家は夜逃げをしてしまい、家はもぬけのからで住む人もなく荒れ果ててしまいました。

　さすがの太郎さんも、ようやく年月の経過を悟り、一旦家に帰ることになりました。乙姫さんは名残を惜しみ、太郎さんに

お土産を渡しました。そして……、

「この箱は手元箱といって、急な時貴方の命を護るお薬が入っています。緊急な時以外には絶対中を開けてはなりません。お判りですネ！」

「判った、言い付けは必ず守る。又直ぐに戻って来るので、待っていてくれ！」

「あい判りました、必ずでございますよ！」

「それでは、一旦帰って来る。また会おう！」

「あい、あい～！」

太郎さんは村に戻って来ました。ところがこれはどうしたことでしょう。家はもぬけのからどころか、大きなカニのオバケ（怖いカニ）の巣窟になっておりました。太郎さんとオバケガニとの一大決戦が始まりました。ようやく怖いカニを討ち果たした太郎さんも、下半身を中心に深手を負ってしまいました。しかも折悪しく、太郎さんの下腹部を別の痛みが襲い始めました。そうです、乙姫様が残した悪い病気が牙を剥き始めたのです。慌てた太郎さんは下半身を治療する為に手元箱を手に取り開けようとしました。ところが、焦っていた太郎さんは、道端の石にけつまずき、手元箱をひっくり返してしまいました。箱の中に入っていた薬は混ざり合ってしまい、白い煙がもうもうと立ち込めてしまいました。その煙をもろに浴びた太郎さんの下の毛は一瞬にして白くなって、太郎さんの精力も萎えてしまいました。この後、太郎さんは惨めな一生を送ることになってしまったそうです。悪いことは出来ないものですネ、皆さんも気を付けましょう！

めでたしめでたし、何て訳ネーだろう‼

遺　言

始まりは2001年であった。1994年より脳こうそくで病院に入っていた母親が、ついにその生命力を使い果たして、天国へと旅立った。2001年3月29日のことであった。型通り通夜を終え、3月31日には葬儀を行なった。その日、世界的な行事として、復活祭・イースターが、世界中のクリスチャンによって祝われている様が、ニュースで報道されていた。そうだ、新約聖書の記述により、イエス・キリストは、ユダヤ暦のニサンの月14日・金曜日の過ぎ越しの祭の日、すなわち春分の日・満月の日に十字架上で息を引き取ったとされている。それから3日目の日曜日にイエスは復活した。それを記念して復活祭が行なわれる。ユダヤ暦は太陰暦であるので、太陽暦に換算して、春分の日の後の満月の日直後の日曜日という、ややこしい基準でイースターの日を決定している。2001年はそれが3月31日であったのだ。ということは、母親が亡くなった29日は、イエスが亡くなった日・聖金曜日だったということになる。しかもその日は、ちょうど春分の日の前日で大潮すなわち満月であった。文字通り、ドンピシャの聖金曜日だということである。何故、そこまで詳しく覚えているのかというと、母親の命が残り少ないことを感じていた私が、暦を調べていたのだ。母親のバイオリズムも調べていた。それによると、命のバイオリズムである23日周期のサインカーブが原点を切る危険日であり、満月すなわち大潮が引き潮になる、真に29日に日付が変わった直後に、潮の流れに引きずられるようにして、母親は最期の息を引き取ったのであった。俗に世間で言われている、人が死ぬ時のいわれは、母親の場合、正確に当てはまった。それで思い出したが、それよりはるか以前に亡くなっていた父親は、12月24日が命日である。つまり、私の父親と母親は、イエスの誕生日と死亡日が命日である、ということになる。確率は低いが、そんなに奇跡的な取り合わせでもない。しかも、2人共仏教徒であったから、関係の無い事だと言えば、それはそうである。だが、私にとっては少々事情が異なる。何故ならば、私はキリスト教会付属の幼稚園に1年間通ったし、大学では西洋史学を専攻したから、すなわち、すぐ身近にキリスト教を意識しながら青春の多感な時代を過ごした、ということになるからである。私は無神論者ではあるが、この直前数年間は、近くの教会で牧師さんと共に聖書の学習会に参加していた。それ故、キリスト教は他の宗教よりはるかに身近なものであり、親しみを感じていたのだ。

突然思い立って、私はある小説をその年書いた。それは、ほとんど聖書から文章を引用し、その中に多少自分の言葉を散りばめ、キーポイントになる1章だけを付け加えたものではあるが、イエスは身代わりの者を十字架に付け、みずからは十字架を逃れてマグダラのマリアと共にエジプトへ落ち延びる、という内容であった。すなわち、聖書の記述は、イエスが十字架から逃れ、落ち延びたことと何ら矛盾しないという内容を記述した小説である、ということなのである。この小説を、学習会で学んだ牧師さんや教会員の何名かに見せた。クリスチャンであるので、その内容に同意はしないけれども、その構成の仕方はそれなりに評価された様であった。翌2002年のある日、牧師さんが私に言った。「一度この本を読んで、そこから得たインスピレーションや取材を行なった事項を基に、小説を創作されてみてはどうですか？」渡された本は、日本語で書かれてはいるが、ユダヤ人が書いたものであった。その内容は、日本人の風習や祭や宗教の中には色濃くユダヤ教・初期キリスト教の痕跡が残っている。特に秦氏一族と言われる人達は、カザフスタンのバルハシ湖の近辺に居住していた弓月の君率いる一族が大挙して帰化した太秦に居住した一族の子孫であり、彼等は景教徒、すなわちキリスト教徒であるという、いわゆる日ユ同祖論に基づくものであった。他の日本人と同様、キリスト教はフランシスコ・ザビエルが初めて日本に布教したものとばかり思っていた私には、この指摘は新鮮で意外であった。ところが、自分の力で秦氏一族関連の史跡を取材してみると、この本の通りであった。そこで私は、秦氏ゆかりの太秦の広隆寺で出会った秦氏の子孫である女性と、京都の大学を卒業しそのまま京都に住み着いた青年が、秦氏ゆかりの場所を探索して行く、という物語を書き始めた。取材を進め物語を書き進めるうちに、次々と新しい発見があり、まったく無駄なく物語を書き進める事が出来た。まるで何かに導かれ指導されているかの如く。気が付くと、1冊の本に出来る位の分量が易々と書き上げられていた。これは、何かに導かれているからに違いない、私は小説の神に選ばれたのだ！　神に選ばれた限り、小説出版への道も易々と続いているはずだ、そう思った。ところが、事はそう簡単にはいかなかった。いくつか、いわゆる自費出版や小説を批評する窓口に原稿を応募したが、返事は芳しいものではなかった。そこで最終手段として、秦氏研究の第一人者であるK先生に原稿を送り、批評をお願いした。しばらくして返事が返って来た。その内容は、この様なものであった。「あなたの原稿は読ませて頂きました。内容は正確で信頼の置ける物であると感じました。私は今糖尿病で近々眼の手術をするのでお役には立てませんが、アドバイスとしては、京阪神在籍の各出版社を順番に訪問して行かれてはどうですか？　この原稿なら、必ず出版してくれる会社に出会うはずだと思います」。私はこのアドバイスに従わなかった。東京の神田界隈の出版社を順に回るのならいざ知らず、京阪神では出来ない相談だ、と感じたからである。その換りに２冊目の小説を創作することにした。小説の神は、私が１冊だけ小説をものすることを潔しとしない、もう１冊分小説を書け、と命令されたのだ、と解釈したのである。

２冊目の主人公は聖徳太子であった。幸い聖徳太子ゆかりの場所は、ほとんど近畿地方に集中していたので、今度もまた取材・執筆は順調に進行した。その過程で驚くような発見に次々と出会った。例を挙げると、聖徳太子は景教徒すなわちクリスチャンである可能性が高い、斑鳩の名称は太子の妃の祖先の人名であった、太子には妃が５名おり第４と第５の妃は姉妹であった、太子は毒殺された疑いが強く、八尾市内にあるお寺に毒殺場面を描いた絵巻があるらしい、神社巡りで出会った四天王寺女学院卒・八尾市在住の女性がそのことに同意した、太子の子孫が抹殺された事件には、ある大きな陰謀が隠されている、太子は母親と第４夫人と共に埋葬されていることになっているが、この説には疑問がある、太子が埋葬されている王陵の谷の主要人物の墓陵を結ぶとある図形が描け、不思議なことに平安京の主要神社を結ぶとまったく同じ相似形の図形が出現する、それは悪魔封じの五芒星である、などのミステリー小説顔負けの謎が次々と出現した。だが、これ程面白い内容の小説なのに、出版への道は閉ざされたままであった。そこで性懲りも無く、第３の小説を書くことにした。

第３冊目は第２冊目に続く時代を扱った。この時代、すなわち平安京が千年の都として落ち着くまでは、都が次々と変遷した。これらの都の跡地を全て、２人の夫婦と娘の３名で次々と訪問させた。書名は「ボンヴォヤージュ皇都巡礼編」とした。それと同時に、時あたかも継体天皇即位1500年記念に賑わっている時期でもあったので、福井県を中心に継体天皇のゆかりの場所を辿った。これがまたタイムリーに非常に面白い内容となった。最も意外で興味深い内容として、5万分の1の地図上で一定の方法で神社を直線で結ぶと、3種類の連続した五芒星のネットワークが出現した。どうやら畿内全域は、3種類の五芒星のネットワークで覆われているらしい。誰が、何の為に？推測は出来るが、真相は不明である。もう1つ、この時代には悪魔の集団が居た事が判った。そんな馬鹿な！とお思いであろうが、事実である。黙示録に書かれてある666の数字を持つ集団が実際に存在したのだ！　詳細を実名で明らかにすると、確実に私は反対勢力から命を狙われるので、あるヨーロッパの島国で起こった出来事として要点を述べてみよう！

昔々、ヨーロッパにある島国がありました。その国の歴史は古く、国の始まりは神様が天上から降臨した事になっておりました。その国は代々男の王様が君臨していましたが、33代目にして初めて女王が即位しました。その即位の経緯は次のようでした。第32代のヘンリー王と宰相ホースチャイルドとは政治上対立していました。そこでホースチャイルドは、部下に命じてヘンリー王を殺害してしまいました。空位になった王位に就ける適当な男性が見つからなかったので、ホースチャイルドはヘンリーの姉のビクトリアを王位に就け、その甥のプリンスホーリーを摂政に就けました。この2人の男性は共謀して大陸のアッチラ王に手紙を送り、国威の発揚を謀りました。この作戦は成功して、翌年アッチラ王はこの国に使者を派遣して様子を確かめさせました。女王が君主だとばれるとまずいと考えた2人は、ホースチャイルドを現国王、プリンスホーリーを息子の次期国王であると偽って、何とか急場をしのぎました。収まらないのはビクトリア女王でしたが、何とか堪え忍びました。ところがこのプリンスホーリーは名うてのプレイボーイでした。何せ第1夫人はビクトリア女王の娘、第2夫人は孫を嫁がせ、第3夫人はホースチャイルドの娘を政略結婚させていたにもかかわらず、第4・第5夫人を娶っていました。しかもこの2人は姉妹でした。ホースチャイルドは、第3夫人の息子のプリンス・オブ・ウェールズが、プリンスホーリーの後継者と目されていたので納得していましたが、ビクトリア女王は収まりませんでした。その為、プリンスホーリーは毒殺されてしまいました。その犯人は、どうやら女性のようでした。

時代は下って、次に女王として即位したのは、第35代のエリザベスでした。彼女は夫のヘンリーⅡ世が死去したので、ワンポイントリリーフ的に即位したのでしたが、まだ40才代の女盛りでした。宰相はホースチャイルドの息子のバーバリーでしたが、彼を罷免してその息子の若いドルフィンを宰相に任命しました。そして、そのドルフィンを誘惑したのです。喜んだのはドルフィンです。エリザベス女王はまだ子供を生める体ですので、あわよくば2人の子供をもうけ、将来王位に就けることも出来る、と考えたのでした。しかし、これはエリザベスの策略だったのです。エリザベスは、自分の息子のエルダーを王位に就ける為、ライバルのプリンス・オブ・ウェールズをドルフィンに攻めさせ、一族を全て滅ぼしてしまったのです。

それから1年半後、今度はドルフィンが、エルダーらに暗殺されてしまいました。その顚末はこうです。大陸からの使者が訪れ、その貢物の目録をエリザベス女王の前で読み上げる為にドルフィンが召し出されましたが、エルダーらの巧みな言動により刀を取り上げられていたドルフィンに、エルダーらが襲い掛かりました。深手を負ったドルフィンは、エリザベス女王に助けを請いましたが、エリザベスは取り合いませんでした。この謀略にエリザベスも加担していたからです。ドルフィンの首をはねたエルダーらは、更にバーバリーの邸宅を襲い、滅ぼしてしまいました。その結果、バーバリー邸の倉庫にあったプリンスホーリーが命じホースチャイルドが編纂した「ヒストリカ」・「ブリタニカ」の歴史書が焼失してしまいました。エルダー達は、クーデターと歴史の改ざんに成功したのでした。あまりにも魂胆が見え見えだったので、一旦エルダーの叔父のアンクルを王位に就け、気に入らなかったので、エリザベス、エルダー、それにアンクルの妃にしていたエルダーの妹キャサリン、この3者がアンクルに背き、アンクルを憤死させてしまいました。エルダーとキャサリンは近親相姦だったのです。その後エリザベスが復位しエリザベスII世となりましたが、その6年後のエリザベスII世の死によって、ようやくエルダーが王位に就くこととなりました。後はエルダーのやりたい放題でした。彼は弟のジュニアを後継者に指名し、その見返りにジュニアの妃のサッフォーを自分の愛人に差し出させ、ジュニアの娘のアンを息子のスコットの妃としました。エルダーの治政は10年間続きましたが、さすがの暴君も命が尽きました。その直前にエルダーがスコットに王位を継がせる策略に感づいたジュニアは、一旦スコットランドに逃れ、その地で兵を挙げてスコットを遂に滅ぼしてしまいました。

ジュニアは王位に就きましたが、13年後に亡くなりました。その後を継いだのは、ジュニアの妃のメアリーでした。メアリーはエルダーの娘でした。メアリーはジュニアの血を絶やさないように情熱を傾け、次々と王位に就く候補を死においやったので、ブラッディー・メアリー（血に飢えたメアリー）と呼ばれました。つまり、彼女が血に飢えていたのは、ジュニアの血を絶やさない事ではなく、自らの血、すなわちエルダーの血を絶やしたくなかったからです。何と呪われた王家なのでしょう！　聖書の黙示録13章にはこう書かれています。「知恵のある者は獣の印の意味を解くが良い。それは人の名を表す数字のことで、その数字とは６６６である」。この王家の、ビクトリア女王の直前の時代から、メアリー女王の直後の時代の主要な王位の順を加えると、何と６６６になるのでした。その後もこの王朝は現代の世にも６６６の数字を負うことになるのですが、そのお話は又今度致しましょう！

　時あたかも、一種の自費出版ブームであった。かつては素人がフォークブームを作った時機があった。私は、音楽文化が本来の一般庶民のものであった、あの崇高な時代を決して忘れない！　それと同様に、素人が出版界、日本文化の中枢部に進出し、玄人の世界に殴り込みを掛け、出版文化の端くれを担う世の中が到来する事を夢見ていた。だが、その夢は無惨にも打ち砕かれた。新風舎事件が起こったのである。不愉快なので、この事件については多くを語らない。語りたくない。だが、新風舎事件は日本出版界の一大汚点であった事を、我々は決して忘れない。この事件で、多数の夢多き人々の夢が打ち砕かれ、損害が与えられた。この事件の後遺症は測り知れない。また、出版界がこの事件に真剣に向き合い、反省し、再発防止に動いたとは、到底認められない。認めない。何故なら、未だに共同出版と称して、夢多き素人の夢を打ち砕き、のうのうと食い物にしている出版社が存在しているからである。その一方で、有名な芸能人の暴露本であれば、たとえそれがゴーストライターが書いた低俗な内容のものであっても、話題になり、ベストセラーになるのだ。そんな本をベストセラーにする読者も読者だが、そんな風潮に迎合する出版人が存在するのも明白な事実である。私もその被害を受けかけた。新風舎が主催するコンテストに応募し、「最終選考まで残りましたが、惜しくも選に漏れました。つきましては、自費出版で本の出版を……」という甘言に騙されかけ、新風舎の部長と称する女性と大喧嘩したからである。神は、私にこの出版界の汚点を告発する為に自費出版で本を出す試みを行なわせたのか？　決してそうではない筈だ！

私が本の出版に苦慮していたちょうどその最中、ネコ達と運命の出会いを果たした。これが、神が仕掛けた出会いであることは、すぐに判った。だが何故、今この時機に？　神の意図が解らなかった。ただ、人生を変える大きな出来事であり、文章に残すに値する価値は在ると思い、楽しみながら文章に綴った。先に書き終えていた小説が出版された後に、続いて出版しようとは考えていたが、その後の事態の展開は予測外であった。ニャニャヒメが不慮の病で天国に召された。これが、私を導いてあれだけの文章を書かせ、ネコ達との劇的な出会いに導いた神のなされる事なのか？　その時私は、ニャニャヒメの死因である腹膜炎が、旧型コロナウイルスによるものであるとは、知らなかった。ただ、悲しみのあまり、それからネコに関する文章が書けなくなった。それから実に４年以上が経過した。気を取り直して執筆を再開したのは、目的があったからだった。それは、出版の順序を入れ換え、ネコの本を自費出版し、それを突破口として本命の本の出版にこぎつけようとする試みにカジを切り変えた、ということなのであった。これが、私にあれだけの文章を書かせ、ネコ達との運命的な出会いに導いた神の本意なのだと信じた。その後の物語を追加して、原稿を仕上げることが出来た。これならなんとか自費出版でも出せる分量であった。あわよくば、本命の本出版への足がかりが得られるかも知れない。そんな淡い期待を抱いたのだが、現実はそんな生易しいものではなかった。

まず、出版にまで辿り着くまでが一苦労であった。金さえ出せば、どんな出版社からでも本を出せるというものではない。素人にはどこの出版社がまともで、どこの出版社が怪しげなのかを区別するのが難しい。むしろ、怪しげな出版社の方が出版相談会などと称して、甘い言葉で誘って来る。私も段々とそのあたりが判って来たので、前回の原稿をあるその分野では大手と目される出版社の出版相談会へアプローチしてみた。驚いたことには、相談会場に現れた担当者は、一声聞くとじんましんを発病しそうな猫なで声で喋って来た。本文に書いたように、ニャーニャの正真正銘の猫なで声を聞いていた私には、彼の発する極端な作り猫なで声は、不愉快でしかなかった。適当に話を切り上げて、その場を辞した。その後再三再四勧誘を受けたが、要点を言うと、1000部自費出版する為に要する費用は総額200万円強、再版する場合の著作権は出版社に属するという、とんでもない内容であった。ひどい内容であったので、当然その出版社には見切りをつけ、出版相談会場の真下に店舗を構えて、自費出版コーナーを設けている出版社に依頼することにした。それが清風堂書店であったのだ。こちらの出版社の見積りでは、出版に要する費用はほぼ100万円、出版してから1年間を過ぎた段階で売り上げを清算し、残数は著者に返品する、というものであった。これが常識的な契約ではあるが、要するに自費出版では再版はあり得ないし、ペイ出来る訳などないことが前提であるとしか考えられないものであった。それでも一縷の望みを抱いて、私は原稿を出版することにした。

本文の体裁を決定する際に大激論になった。文章を縦書きにするか、横書きにするかであった。私はワープロで原稿を作っていたし、普段接するビジネス文書はほとんど全てが横書きであったから、何の違和感も無く、本文が横書きになることを信じて疑わなかったのだが、いざ編集の際には、出版社が当然であるかのように縦書きを主張して来た。理由を尋ねると、日本の本は縦書きが当り前だからという理由であった。人間の目は、左右に動かすのが自然に出来ている。だから、世界の文章はほとんどが横書きに出来ている、と主張しても、日本文は縦書きが当り前だ、の一点張り。しびれを切らした私が強権を発動して、私が金を出すのだから、何が何でも横書きにする、と押し切り、ダメ押しに替歌の１つに横文字を導入して、後戻り出来ないようにした。出版社がこれ程保守的で頑固だ、とは思わなかった。本を出版してからも、横書きであることにクレームを入れた客が1、２名いたと聞いたし、著者に配分される無料配本分を知人に渡したら、本文を見るなり「あっ、横書き！」と声を上げた人物が居た。そんなに横書きの本が不思議なのか？その事自体が不思議であった。今回の本の構成が縦書きと横書きを対比させたのは、前回のこの経験がベースになっている。つまり、メジャーとマイナー、常識と非常識、支配者と被支配者の対立構造という訳だ。この対立は、あらゆる分野に存在する。この二者がせめぎ合い拮抗するのが、本来の望ましい形態であるはずだが、実際は多数派の勢力が強過ぎるのが矛盾だ、との考えである。私が編集段階で出版社から感じ取ったのは、あなたは素人で出版の事は解っていないのだから、私達が出版の常識を教えてあげましょう、とでもいう応対であったことである。そんなの言いがかりだ、そんなつもりは毛頭無い、と言われても、私が強くそう感じたのだから、仕方が無い。それがひがみであると言われても、私が感じた雰囲気は私の心の中に深く存在したのであるから、否定の仕様がない。文字の使い方にも細かいチェックが入った。漢字の使い方が一定していないとか、送り仮名が違うとか、神経質に訂正が入る。論文や実用文であるなら、それもよかろう。だが、これは小説なのである。

猫を表現するのに、〝猫〟の文字を使うのか、〝ねこ〟とするのか、〝ネコ〟とするのか、はたまた〝NEKO〟と表現するのかは、著者の感性であって正邪ではない。それなら、夏目漱石の宛字だらけの小説を修正するのか？　漱石は修正せず、私の小説を修正したいのは〝差別である〟と私は感じてしまう。何故なら、私は自らの小説を推敲した上で文章を確定したものを提示していたからである。このような対立を繰り返しながら、ようやく何とか小説の出版にこぎつけた。お互いに御苦労様でした。

ともあれ、原稿は何とか出版にこぎつけた。出版社はそれなりに、私の本を流通に流してくれてはいたのであろう。だが、いかんせん無名の人間の自費出版の本など、大手書店などではまともに扱ってくれてはいないのであろう。正味定価で私の本を店頭で買い求めた人は120人であった。ある友人によれば、「良く売れた方だ」ということだった。確かにそうかも知れない。何の予備知識も無く、まったく偶然に書店で手に取った本を、その場で買ってくれたお客様が、120人も居たのであるから、まったく有難いことである。だが、現実には、出版した1000部の本のほとんどが売れ残ったことは、まぎれもない現実である。この在庫をどうするのか？　思い当ったのは、この本はそれなりに良書である筈なので、図書館に寄贈しよう、ということだった。出版社に各地の公立図書館のリストをシールにプリントしてもらって、のべ400館余程寄贈した。各図書館にはそれなりの蔵書規定のようなものがあるらしく、内容を精査して寄贈を受け入れるかどうか決定するらしかった。その証拠に、「貴殿からの寄贈を受け入れることに決定しました」との内容のハガキを何十通もいただいた。受け入れ不可の連絡は1通も無かった。1通だけ「当方は特定分野の本だけを蔵書とする図書館なので受け入れる事は出来ません。御本はガレージセールに回しますので、悪しからず」というハガキが1通だけあった。いくら内容が良くても、本が売れるのはその事とはまったく別物であることを、身をもって経験した。

蔵書の整理にほぼ片がついた頃、出版社よりある情報を頂いた。自費出版文化賞というコンクールが在る。その第20回目の審査に応募してはどうか、というものであった。第20回というと、結構な歴史ある賞だ。本屋大賞より歴史が古い。だが、何故今なのだ？　出版社との企画段階での雑談の中で、私が、「本を出すからには本屋大賞を目指す位の気持ちだ」と言うと、担当者はにべもなく言い放った。「本屋大賞と言えども、実際は大手出版社が受賞するのが現状です。」自分も出版社の端くれなのに、何たる自虐的言葉なのだ！　希望に燃える人間に冷水を浴びせかける残酷な言葉だ！　この段階で自費出版文化賞の話が出るのなら理解出来る。だが実際はそれから1年以上後のこと、本を出版してから規定の1年を過ぎてからの情報提供、真意をいぶかられても仕方ないであろう。何故なら、その1年前の私の本の出版直後での応募であるのなら、その応募の結果いかんでは、本の評判・売れ行きに良い影響を与えることも可能であった筈だ、1年前に応募しても、応募資格は満しているのだから。まるで私の意欲をわざとそぎ、後でそんな賞が存在することを情報提供しなかったと非難されるのを恐れて、どうせ気休めにしかならないだろう文化賞の存在を知らしめた、と邪推されても仕方の無い行為であった、と言われても仕方ないのではないか？　何のうらみがあって、こんな仕打ちを受けねばならないのか？　無念であった。この出版社から出版したことを後悔した。それでも私は、その文化賞に応募した。友人から「この文化賞に応募して、何の成果も無ければ、その事を納得出来るか？」と問われた。「納得するよ！」と私は答えた。その程度の最低限のプライドも無くして、何が自費出版なのだ。そして私は、その文化賞に応募した。その結果は、小説部門でかろうじて入選を果たし、賞状だけをいただいた。それでも私は大いに不満だった。何故なら、この小説がこの文化賞の審査員から正当に評価されたとは、到底思えなかったからである。その根拠をこれから明らかにしよう！

（蛇足ではあるが、私の元に送られて来た入選作品一覧表の中に、私は今も新風舎的自費出版を続けている、先に述べた猫なで声の社員が居る出版社・Ｂ社から出版された本を見つけた。さぞ苦労して出版されたのであろう。ご同情申しあげる。）

　この小説を書く時に私は、３つのプロ的テクニックと１つの哲学的思想を導入したつもりである。それがまったく理解された様子が見当らないので、不本意ながらその種明しをしよう。

テクニック・その１

　私オリジナルの替歌を本文に導入した。その数22編である！これだけのオリジナル替歌が挿入された文章は恐らく、いや絶対に本邦初のことであろう！　しかもその内容は、単なる語呂合わせではなく、私独自の作詩技法に基づいた「高度な」形式で成り立ったものだ。その辺りの理論は、本邦初の替歌に関する本格的論文「替歌賛歌」にて展開したので、そちらをお読み頂きたい。ところが、この本邦初の試みは、まったく理解されている様子が見うけられない。恐らく、そのユーモアや滑稽さや揶揄の面白さ故、その個性的な輝きが見過ごされ、また替歌＝低俗、無価値との根強い偏見により、ああ面白い内容だな、程度の感覚でスルーされたのではないか、と感じている。今その種明かしをして、更に30以上の新たなオリジナル替歌を追加し、替歌分野の第一人者としての意地とプライドを示したつもりであるが、読者はどう評価されるであろうか？

テクニック・その2

本文が39章にも細かく分かれているので、次章へ読者の興味を繋ぎ止めるテクニックを工夫した。連載小説や連ドラ・帯番組・民放のコマーシャル直前等でよく使われるテクニックかも知れないが、私はそれを前フリと称している。16カ所でそれを使用した。その中には、「では、次回にはこんなお話をしましょう」というような単純な物もあるが、「この私の行動が、次の大事件への引き金になってしまった」などの思わせ振りな前フリ、私はこれを謎フリと勝手に称しているが、その謎フリを16カ所のうち12カ所に使用した。一般の読者ならいざ知らず、玄人受けするテクニック故、文化賞の審査員には評価されるであろう、と思っていたが、私の知るところでは、審査員から一顧だにされなかったようだ。私の知り合いの中には、そのテクニックを褒めてくれた人も居た。でも、出版関係者は誰も褒めてくれなかった！　不思議？

テクニック・その3

日本語とは、変な言語である。その表現は差別と偏見に満ちている。この文章を書いている時点での、一番のホットな話題で示そう。オリンピック組織委員会の森会長の失言問題は、国際的に大問題になった。その直後に私は、数人の知人にメールを送った。こんな文章である。「この間の森さんの退任発言は、聞きづらかったね。マスコミに対するうらみ・ツラミを性懲りも無く延々と述べている。ああいう態度を「男らしくない」「女々しい」って言うんだよ！　あれっ〜⁉　女性差別者を罵るのに、女性差別用語を使わなきゃいけないなんて、日本語って一体全体何なのさ！」。主旨は一目瞭然であろう。日本語の中に厳然として存在する女性差別用語に触れる事無く、女性差別者・女性差別語のみを魔女狩りしても、何の解決にもならない、と言いたいのだ！　同様のことは、動物においても言えるのではないか？　日本語では、人間でなければ〝人格〟を認められていないのだ。ネコにおいても個性は認められてしかるべきだ。だが日本語においては〝ネコ格〟という表現は認められず、〝ネコの人格〟と表現せねばならないのか？　その種の表現を私は、28種類31カ所、これでもかこれでもかと記載した。単なる言い換えでは気付かれにくいので、〝人物〟じゃなかった〝ネコ物〟、〝個人主義〟じゃなかった〝個ネコ主義〟、〝人徳〟じゃなかった〝ネコ徳〟、〝犯人〟じゃなかった〝犯ネコ〟、〝人一倍〟じゃなかった〝ネコ一倍〟、〝恋人〟じゃなかった〝恋ネコ〟、という具合に記載した。だがこの表現は、面白がられてはいても、その本質的部分は理解してもらえたとは、到底言えない。これからは、人間だけではなく、もっと全生物的な観点からの表現が、日本語にも工夫されてしかるべきだ、と私は考える。ネコにも、〝人道的〟じゃなかった〝ネコ道的〟表現が求められるのだ！

哲学的思想とは、〝人類愛〟ならぬ〝動物愛〟のことだ。前項とも重なるが、特に日本人は、愛とは人間同士でしか成立しない、とでも思っているのではないか？　動物への愛は、人間が他の動物をペットとして可愛がること、としてしか考えていない、ような気がする。逆に、動物が人間を愛するとは、可愛がられることを求めるもの、としか考えていないのではないか？　動物と人間がお互い愛し愛されることなど、有り得ないとでも考えているのではないか？　余り褒められたことではないが、私は恐らく、人を本当に愛したことはない。親も兄弟も親戚も友人も女性も、結局愛した人は恐らくいなかった。不幸なことであるのかも知れない。人生をすねている、と言うのであれば、そうかも知れない。だが、可哀想な人だ、とは言われたくない。愛するに値する人がいなかった、だけだ。そして、恐らく大部分の人に取って、私は愛するに値しない人間であったのだろう。別にそれを不幸だと思ったことはない。要するに、人間嫌いなのだ。そんな人間がネコを愛し、ネコから愛されることを知った。ニャーニャとの恋愛、ニャニャヒメやニャニャミとの親子の情は、真実の恋愛・真実の親子愛であった。それが何で悪いのだ！　何が滑稽なのだ！　ユーモアの粉をまぶしていたので誤解されたが、この物語で歌い上げたのは、私とネコ達との真実の愛情であった！　私はこれで、やっと天国への鍵を神より与えられた。私はネコ達と出会うことで、人間しか愛せない人間は天国へ救い上げられない、ことに気が付いた。何故なら、聖書には、人間は全ての生物を愛する事が求められている。そんな事書かれているのか？　書かれている。ノアの箱舟の話として。箱舟には、ノア一家以外に、全ての動物が〝つがい〟で収容されていた。外部の全てが死の世界であり、お互いが愛し合い協力し合って生活しなければ生きて行けない箱舟の中で、全ての動物は愛し合うことの崇高さを学び合った。その後の邪悪な世界の横行により、その事を忘れかけていた動物達は、再び互いに愛し合う事の崇高さを思い出し、取り戻す。クリスチャンが熱望する最後の審判・千年王国とは、ノアの箱舟の再来であり、動物愛の復活が不可欠なのである。それはキリスト教での話だ。大部分の日本人は仏教徒なので、関係ない。と言う人間は、畜生道に落ちるが良い！　私がこの小説の中で描きたかったのは、ネコと人間の無償の愛なのであった！

これだけのテクニックと思想を持って世に送り出した作品であるにもかかわらず、私の作品が入選した経緯について、文化賞選考委員の意見として、審査委員に近い人物から出版社の担当者に伝えられた内容として私に漏れて来た情報は、不可解な、ある種奇異なものとして感じられる内容であった。「猫を扱った作品は最近数多いが、ここまで踏み込んだ作品は珍しい。特にネコ関連の系図が審査員に評判が良かった」。前半の評はともかく、後半の系図に関しては、友人にその話を伝えて、お互いに首をかしげた。何故なら、あの程度の系図は、この本を読んだ者なら誰でも作れる単純なもので、むしろエデンの園の見取り図の方が、オリジナリティー溢れるネーミングで、評価に値すると考えられるからである。系図をことさら例に上げて審査の対象とするなど、本当に真剣にこの作品と向き合っているのか、と姿勢を疑われても仕方のない、素人の評価だと感じたからである。これがもし本当のことであるなら、審査員の質も、それを漏れ伝えた審査員に近い人物も、出版社の担当者も、その評価能力を疑われかねない重大な欠陥であると感じるのは、私の邪推なのだろうか？　それとももっと重要な項目の評価が存在していて、私の元へその情報が届かなかったのか？　そうであることを祈る。ともあれ、私の作品は単なる入選ということで決着した。だが、私はそれでは納得しなかった。それは、この作品誕生にはある重要な事実が隠されており、そのことがこの出版文化賞の選出と大きな関わりが在ると私が感じていたからである。では次に、その事実を明らかにしよう。（これが私の〝謎フリ〟のテクニックである。）

私の原稿が自費出版されることが決まり、版組みが終わり、校正作業がたけなわであった2015年夏から秋に掛けて、ニャニャミが原因不明の食欲不振に陥った。主治医の病院でのレントゲン写真撮影で、胃の中にヒモの様なものが写っているとの事なので、開腹手術をすることになった。その結果、胃の中に写っていたのは、胃の中のシワのようなしこりで、悪性腫瘍等ではなかった。従って、ニャニャミの食欲不振の原因は依然として不明であった。その話を聞いて、やはり来るべきものが来たのだな、と私は感じた。というのは、本文で述べたように、ニャニャミ喪失の危機に陥った時、結果的にニャニャヒメをニャニャミの身代わりとして、神様にお返ししてしまった過去があったからである。初めての自費出版を成功させる為に、ニャニャミの尊い命を差し出せ、という神からのシビアーな要求が突き付けられる可能性は予測し、覚悟していた。何故なら、私はアブラハムであり、ニャニャミはイサクであるのだから。本当にそうであると確信していたのなら、自費出版とニャニャミの命をてんびんに架けて、私は自費出版を断念していたかも知れない。だが、私にはその確信がなかった。ニャニャミにもし死に病のスイッチが入ってしまっていたのなら、例え自費出版を取り止めたとしても、ニャニャミの死を押し止める事は出来ない。また、出版作業を継続した場合でも、奇跡的にニャニャミの健康が回復する可能性もあった。悩んだ末、私は出版作業を継続することにした。そして、本は2015年末に出来上った。やはり、ニャニャミの体はゆっくりと、だが確実に衰弱して行った。春になってニャニャミを診断した元カマ院長は、出来るだけさりげなく装うように告げた。「おやっ、冬毛が全然生えていないようですね。来年はうまく生やさないとね！」この言葉で悟った。恐らくニャニャミは2度と冬毛を生やす事は無いのだろうと。そして、暑い夏が終わりかけた2015年9月6日、本を出版してから8カ月後に、ニャニャミは神の御元へ帰って行った。不思議と悲しくはなかった。むしろホッとした。神から授かった最愛の息子を、無事神様の御元へ送り返す事が出来たからであった。

本の在庫整理と自費出版文化賞の選考には、本体に4ページのニャニャミ死去の報告文を添えた。それ故、文化賞の審査員は、ニャニャミの命日を知り得た筈である。何故その事を再確認するのか？　そう、第20回日本自費出版文化賞の最終選考の発表が、2016年9月6日、ニャニャミの一周忌当日だったからである！　これは単なる偶然なのか？　それとも神様のいたずらなのか？　いずれにしても、私の期待外れの落胆が倍加した事は、容易に理解して頂けるであろう！　何がいけなかったのか？　私の力量不足か？　審査員の評価ミスか？　出版社のタイミングミスか？　これが、掛けがえの無い最愛の我が子を犠牲に捧げてまで努力した私に対しての報酬なのか？　決してそうではない筈だ！　私は又1つ神からのライセンスを頂いた。それは、最愛の我が子を失う悲しみと怒りを実感出来たことである。神は、最愛の我が子イエスを死なせる事によって、彼に終末の最後の審判において、死者を蘇らせ天国へ迎え入れる役割を担う権利を得させた。一度死んだ経験を経た者でなければ、死者を蘇らせ天国へ迎え入れる役割を担う権利など有しない、のであろう。同様に、一度コロナウイルスで死んだ経験を持つニャニャヒメ＝天使コロナでなければ、新型コロナで亡くなった人々の魂を救い、天国へ迎え入れる役割など果せない。そのような存在として、私は天使コロナを描いたのである。そして私も、ニャニャミという最愛の息子を失なう事、その悲しみと不条理と怒りを覚えることによって、真にこれらの小説の執筆者としての権利を得た、と考えるようになった。私のこの小説に対する思い入れは、アウフヘーベンされたのである。お前の行動は間違ってはいない。そのことを私に伝える為に、神は私の最愛の息子の命日に、自費出版文化賞の最終選考発表日を設定させたのだ、ということを確信している。

ここからは、宗教に関して詳しく述べさせていただきたい。私は景教がキリスト教の一派だとは、知らなかった。西洋史学専攻卒であるので、その辺りを調べてみた。確かにそうであった。だが、事情はかなり特殊であった。世界史の教科書にも記載されているニケーヤ宗教会議において、三位一体説のアタナシウスの教義が、キリスト教の正統派教義として公認された。その後も何回も宗教会議が開催され、異端派が粛正されていった。ニケーヤの次のエフェソス宗教会議において異端とされたのは、ネストリウス派であった。異端である教義の内容は、現在では不明であるが、聖母マリアの神性を否定したことで、現在の評価では異端には当らない、とする説が主流であるらしい。だが、いったん異端とされた以上、ヨーロッパ近辺での布教は不可能である。そこでネストリウス派は東方に活路を求め、いわゆるシルクロードを東へと進出した。その過程で仏教と出会い、大きな影響を受けたという。その変容の最も大きい部分は、ご本尊を設けた、ということである。そのご本尊の名はマイトレーヤー、すなわち弥勒菩薩である。マイトレーヤーの語源はメシア、すなわち救世主である。よく考えれば、キリスト教とはキリスト＝救世主がいつか出現して、人々を救ってくれることを信じる宗教であって、その救世主は別にイエスでなくても、他の存在であっても、キリスト教の一派には違いないのである。だから、景教はキリスト教の一派である。しかも、その勢いは尋常ではなく、一時期東アジアを席巻していた。弓月の君が居たカザフスタン・バルハシ湖は、いわゆる天山北路・シルクロードのメインルートに当る地域であるので、秦氏が景教徒であった事は何の不思議もない。すなわち、日本においてキリスト教は、仏教よりも先に、その信者が帰化することによって、深く日本の文化に浸透していたのである。この事実を日本人に知らしめなかった日本史学者・宗教学者は、事実を隠蔽していたと非難されても仕方ないであろう。景教は、三国時代の朝鮮において、主に新羅系の人々に信仰されていた。その新羅系の渡来人秦河勝を部下に持ち、新羅より帰化し若狭の国造であった膳部斑鳩の子孫を第４・第５婦人としていた聖徳太子が景教徒であっても、何の不思議も無いのだ！　聖徳太子が仏教擁護の大立て者であったなどというのは、真赤なウソとまでは言わないが、正確な事実ではない。聖徳太子の信条である「和をもって尊しとなす」という言葉は、宗教上に最もよく当てはまる。彼が目指したのは、仏教にも景教にも神道にも片寄ることのない、バランスの取れた社会であった、と私は確信する。それ故、聖徳太子は私の心の中で唯一尊敬するに値する日本人であり続けるのだ。事実、太秦の広隆寺は聖徳太子が弥勒菩薩をご本尊として秦河勝に与え、建立させた景教寺院である。私が読んだユダヤ人の本には、敦煌で発見され、現在は大英博物館が所蔵するという、景教の主教が信者を祝福する壁画の写真を見た。その右手は人差し指と中指を立て薬指を親指で輪を作るサインをしていた。すなわち仏教で言うところの半跏思惟のポーズである。あのポーズは、衆生をどのようにして救おうかと弥勒菩薩が考えているポーズではなく、弥勒菩薩・マイトレーヤーが、信者を祝福するポーズなのである！　カトリックの教皇は、親指・人差し指・中指の３本を立てて信徒を祝福する。三位一体を表現しているのだ。このポーズの指を少しずらして、親指と薬指で輪を作れば、景教の祝福のポーズとなるのだ！　仲々説得力のある説明でしょう！　そんな事を言われても、敦煌に在る壁画は仏教壁画ばかりで、景教の壁画など無いじゃないか！とおっしゃるでしょうね？　そうなのだ、私もそう思った。だが、私はかのユダヤ人の本に書かれてある記述を読んで戦慄した。敦煌に元々在った景教の壁画は、塗り直されて、仏教の壁画が上塗りされている、と言うのだ！　事実はレントゲン写真を撮れば明らかである。これが事実であるのならば、私は仏教徒を許さない！　景教徒の壁画を抹殺し、そのご本尊を仏教の菩薩の地位に落しめ、諸仏の下に従属させて、自らの口はぬぐっている仏教徒を、決して許さない！

景教は唐王朝の中国で広く普及し、西安には太秦景教流行碑が残存する、と世界史の教科書に載っている。この時代に唐へ留学したのは、かの空海であった。従って、空海が中国で学んだ主要な宗教は、当時隆盛を誇っていた景教なのである。つまり、空海が日本へ持ち帰った宗教は、仏教ではなく、キリスト教が主体であったのだ！　そう言えば、空海が開いた真言宗には、キリスト教的習俗が散見される。真言宗は、いわゆる御詠歌を唄う。キリスト教徒は、ミサの前に必ず讃美歌を唄う。真言宗では、お題目を唱えながら、十字を切ると聞いたことがある。九字を切る時の指は、人差し指と中指を立てるので、キリスト教や景教の祝福のポーズと似ている。真言宗では、〝かんじょう〟という、信者の頭に水を掛ける儀式がある、そうである。これは、キリスト教の洗礼そのものではないか！　その他細々と、真言宗とキリスト教には類似点があるそうなのだが、私にはよく判らないので省略する。真言密教の大きな特長である曼陀羅図は、ラマ教すなわちヒンズー教起源の大乗仏教で主に用いられるもので、ブッダの直系の仏教である小乗仏教（この用語は差別語であるという）では用いられない。要するに、空海の真言宗は良いとこ取りの混合宗教なのである。決定的な仏教との相違は、現在仏教の教義だと信じられている弥勒菩薩の遺言、自らの死後36億5000万年後に、衆生を救いに再臨する、と遺言していることである。これこそ、彼がメシア＝キリスト教の教祖である証拠なのである、と私は考える。

その他にも、例えば親鸞は、「世尊布施論」という漢訳の新約聖書を読んでおり、その原本が西本願寺に現存すると、ユダヤ人の本に書かれてあった。そう言えば、「悪人なおもて往生をとぐ、いはんや善人をや」という有名な言葉の〝悪人〟を〝罪人〟と言い換えれば、イエスの言葉と何ら違わないと思うし、この言葉を外国人に通訳し、「日本の偉い人の言葉です」と伝えたなら、そのクリスチャンは喜んで大きくうなずくであろう、と私は思う。

一時期、日本でオカルト映画がはやった頃、悪魔封じの為、床に五芒星が描かれる場面をよく目にした。陰陽師の安倍晴明が描くように。ユダヤ人が修験者の服装を見てビックリする、と例の本に書いてあった。ユダヤ人の服装にソックリだから、だそうだ。祇園祭の山鉾は、ノアの箱舟を模したものだ、と聞く。そして、巡行が行なわれる7月17日はノアの箱舟がアララト山に到着した日であると、創世記第8章第4節に書かれている。それもその筈、陰陽道も修験道も、本来は仏教とはまったく別の宗教であり、その両者とも、そして稲荷神社も八幡神社も、秦氏もしくはその親戚筋が創設したものなのだ！　秦氏恐るべし。つまり、日本の宗教の大部分にはキリスト教の息が掛かっている、ということなのだ！　お前はキリスト教シンパだから、そんな事を言うのだろう、ってか？　それでは次に、キリスト教徒を徹底的にこきおろして御覧に入れよう！

私は聖書が好きだ！　だが、キリスト教徒はそれに比べて、あまり好きではない。聖書の教えを守っているのがキリスト教徒ではないか！と思われるかもしれないが、それが必ずしもそうではないところが問題なのだ。聖書はかなり誤解、曲解されているのだ！　その例をいくつか上げてみよう。

○聖書は革命の書である！

私の聖書理解によると、神と悪魔との争いの始まりは、アダムの創造から起因するらしい。それまで、神ヤハウェの次に位する天使長ルシファーは、第２位の立場に満足していた。それが、アダムの出現により、自分の立場が危うくなり、神から疎んじられるのではないか、と危惧した。第一子が第二子の誕生によって感じ恐れる、いわゆる〝愛の減少感〟というものである。それ故ルシファーは、神に対して反乱を起こした。天使の3分の2、すなわち66.6％はルシファーに味方した。圧倒的に反乱軍が有利かと思われた時に、救世主が現れた。天使ミカエルが決起したのだ。ミカエルは、「ミ・カ・エ・ル！」との合い言葉のもと、反乱軍を打ち破った。「ミ・カ・エ・ル」とは、「神に反抗する者は誰だ！」との意味のラテン語である、という。ルシファーとそれに味方した天使達は破れ、天上から地上に落された。これらを堕天使という。だが、彼等は死滅しない。悪魔や天使は、神と同じく不死の存在だから、である。地上にはエデンの園が在った。悪魔はヘビに姿を変え、逆転のチャンスを待った。そのチャンスがやって来た。イブに禁断の木の実を与える事に成功したのだ。これを人類の原罪という。神は人類を怒った。人を創造した事を後悔した。人を再びチリに戻そうとも、考えた。この事が一番我々にとって不可解なことであろう。木の実を食べることが、何故そんなに罪悪なのだろうか？　色んな解釈が可能だが、私はこう考える。悪魔は禁断の木の実の中に、自らのDNAのような物を混入していたのだとしたら、どうだろう？　この木の実を摂取した人類は、その子々孫々まで、悪魔のDNAを持ち続けるのだ！　究極の性悪説である。この事件以後現在に至るまで、この世の支配者は悪魔なのである！　神ではないのだ。災厄に遭遇し無念の死を遂げた人のお葬式で遺族が言う。「私の家族はこの災害によって無残に死にました。これが全知全能の神が成されることなのですか？　もしそうなら、私は神など信じません！」その言葉を聞きながら、一緒にうなだれ涙する神父や牧師など、「クソ食らえ」である！「この不条理は悪魔がもたらしたものです。この世の支配権は悪魔が握っているのです。この支配権を覆す為に一緒に闘いましょう！」と何故言えないのか？　この言葉こそ、真に遺族をなぐさめ勇気付ける唯一の救いの言葉である、と私は信じる。それを言えないで、よく〝神の代理人〟〝神の僕〟と言えるものだ、恥を知れ！と言いたい。換って私が言ってあげよう。言えないのは、神が全知全能だと本気で信じているからであろう。全知全能であるからには、この不条理も神の深遠な意志によるもので、そのことに疑問など感じる余地はない、と考えているからであろう。そうではない、断じてそうではない！　全知全能とは、完全無欠で過ちを1つたりとも犯さないという概念上の用語であって、実際には有り得ないのだ！大学時代に、西洋史学のゼミで一時「理念型」というマックス・ウェーバーの言葉がはやり、もてはやされ使用された事がある。「理念型」とは、ある概念を純粋に突き詰め培養し結晶化された概念で、概念としては存在するが、不純物が多い現実の世の中においては存在し得ない、理論上でしか存在しない概念のことである、と私は理解している。「全知全能」とは、この理念型に該当する用語であって、実際には有り得ない言葉なのである、と私は考える。現に、神は悪魔の策略を阻止出来なかったし、その支配を許しているのだ！　神は全知全能ではない。その欠点を何とかして補い、全知全能であろうと日々努力している存在なのである！

この支配権を覆す最終決戦を描いているのが、黙示録である事は、言を待たない。この闘いは、「スター・ウォーズ」の戦闘などははるかに及ばない大規模な、一大決戦である。何せ、死なない者同士の闘いなのだから、人間の想像力を遥かに凌駕する。人類は、生きてその光景を見る事など、絶対にないであろう！　何故なら、よく言われる「最後の審判」と称する出来事は、既に死んだ人間を復活させて審判するものであり、生者をそのまま審判するものではないからである。生者は必ず死なねばならない。何故なら、生者の体には悪魔のDNAが現存しているからである。我々は皆、悪魔の申し子なのだ！　そんな状態を許した、原罪を犯した馬鹿な人類は、死ななきゃ直らないのだ！　これが聖書に書かれている現実なのだ！　それをはっきり明言しない聖職者が居たとしたら、その人間は無知蒙昧であるか偽善者であるか、どちらかであると断言する。世界中のアドベンティスト（イエス再臨信者）に問う。それでもあなた達は、再臨を望みますか？　今すぐにでも起きてほしい、と望みますか？　自分がチリのように粉々に砕かれても良い、今すぐにでも再臨を望みますか？　私もどちらかと言うとアドベンティスト的であるが、自分が生きている間に、再臨などあってほしくない。自分が死んで後、最後の審判の為に復活させられるのを、死にながら待ちたい、と思う。それ程、黙示録に描かれている状況はシビアーなのである。これだけの権力転覆・一大権力闘争を描いた書物を、一般的には何と呼ぶのか？　そう「革命論」である。聖書は一大革命論の書なのである。だから、私はこの書物を好む。しかしながら、一般の人達にとってはどうなのか？　革命の書など好む変人は、世の中にそんなに沢山居るなどとは考えられない。それなのに、聖書は多くの人々に好まれている。何故なのか？　私が提示出来る答えは、1つだけである。聖書は誤解されている。その本質を理解出来ている人は、ごく少数である。他の人々は聖書の最も本質的な意味を理解出来ず、サブテーマやその中の物語的部分に魅力を感じ、あるいは世界最大のベストセラーゆえ、聖書が好きだと言っておけば他人受けが良いだろうと思って、聖書を持ち上げているだけの偽善者である！と。

何度も言うが、私は西洋史学専攻卒である。世界の歴史を俯瞰して常に思うのは、正義が実現した歴史など、絶えて久しく有り得なかった、という事実である。それを世間の人々は、「正義は必ず勝つ」と、いとも簡単に言う。しからば問う。正義が必ず勝った例を歴史上で挙げていただきたい。「必ず勝つ」と言うのであれば、いくらでも例を挙げることが出来るであろう。私には、そんな大それたウソは付けない。強いて挙げれば、ベトナム戦争が当てはまるかも知れない。過去の全世界・全歴史の中で、正義は必ず破れて来た。何故なら、この世は悪魔が支配しているから、である。「正義は必ず勝つ」という耳ざわりの良い言葉が広く流布されているのは、そのような言葉を聞いて一般民衆が喜びあざむかれるように仕向けた悪魔の陰謀に、まんまと乗せられているに過ぎないのである。その悪魔の支配が覆り、正義が必ず勝つ事を、心の底から願っている。すなわち、革命の書・聖書の預言が必ず成就することを、心の奥底から、乞い願っているのである。

○イエスはアナーキスト！

新約聖書の福音書を読んでいると、イエスの行状は破滅へと好んで向っている、としか思えない。この時代に限らず今の世でも、彼の行状を既成社会は決して受け入れない。何らの権力も持たず既成の権力を糾弾し、その影響力を自らの行動だけでもって示し、社会を改変しようなどとは、残念ながら出来ない相談なのだ！　それなりに権力に対抗する力をたくわえて事に臨むのか、自らの集団を他の社会より出来るだけ隔離し、その理想を追求して行くしかないのではないのか？　私は前者をバクーニン的手法、後者をヒッピー的手法と称している。即ち、イエスの行状は、アナーキストとしての行状なのである。人間とネコ達とが共に睦み合う理想世界を夢想するアナーキストの私には、イエスの行状が大変魅力的でアナーキーなものとして写る。そして彼の運動（仮に神の国運動と称しておく）は、現代の用語で言えば、カルト集団なのである。

○人殺しはクリスチャンになれない！

聖書で述べられている最も基本的な戒めは、言うまでもなく十戒である。その中でも一番重要な戒めは、そう「汝殺すなかれ！」である。人殺しは最も基本的なタブーを犯す事であり、許されることではない。人殺しを他人に命じて実行させても同罪である。正義の殺人など有り得ないのだ！　戦争など、もっての他なのだ！　それでは、絶対悪のナチスに対して戦った第２次世界大戦はどうなのだ、と言う人が居るかも知れない。ナチスのみ、に対して戦ったのであれば、正当防衛的闘いであるのかも知れない。だが、第２次世界大戦はそれ以外の側面を多く有している。悪名高いドレスデン爆撃やカチンの森事件はどうなのだ？　広島と長崎には何故原爆が落されたのだ？　戦争を早く終らせる為などとの論理は詭弁だ！　平和な世の中を早く到来させる為と称して秦の始皇帝や織田信長はジェノサイドを行なったのだ！　私はクリスチャンの一部の人に、ソドムとゴモラのイメージが在ったからこそ、広島と長崎の２つの都市に原爆があえて落されたのだ、と考えている。唯一人殺しが許されるのは、正当防衛のみだ、と考えている。先程、ベトナム戦争が唯一、正義の戦争かも知れない、と書いたのは、この戦争が正当防衛的性格を有している、と考えているからだ。

人殺しのみならず、出来るならば、他の生物をも殺さずにおれるのならば、それにしくはない。だが残念ながら、人は生きて行く為に他の動物を殺して食さねばならない、という宿命を背負っている。しかし、自らの楽しみの為に生物を殺める狩猟や釣りは罪悪である、と私は考える。出来る限り、リリースをして欲しい。聖書にも肉食を許している箇所があるではないか！　私は菜食主義者だ！とうそぶく人が居るかも知れない。だが、植物も生物である。生物を殺めて食する、という点では同罪なのだ。それどころか、菜食の方が肉食より優れている、といった誤った思想をもし拡めているのであるのなら、むしろ害毒が大きい場合も有り得るのである。肉食が蔓延してしまったので、やむを得ず肉食の基準を示している箇所が聖書に在るのは事実だが、エデンの園ではそうではなかった。神はアダムとイブに、園に在る木の実は、禁断の木の実以外は自由に取って食べて良い、と許している。木の実には命が宿っていない。人間は究極の菜食主義者だった！のである。同様に、エデンの園やノアの箱舟の再現である至福千年王国では、究極の菜食主義・究極の生物宥和の理想社会が実現されることになっているのだ！

○安息日は土曜日である

創世記の記述によると、神は6日間でこの世のあらゆる物を創造し、これが終わると休息を取られた。これが安息日の起源であり、1週間の起源である。1週間は世界の暦共通に7日間であるので、安息日は土曜日でなければならない。十戒にも「安息日を聖別して守るように」と述べられているので、ユダヤ人は全て土曜日を安息日として守っている。ところが今は、世界中で日曜日が休日となっている。カトリック教会の主張によると、イエスが日曜日に復活したのを記念して、安息日が土曜日から日曜日に変更されたという。世界のあらゆる宗派のクリスチャンは、私の知る限り、1つの宗派を除いて、日曜日に安息日集会を行なう。どうやらこれは、カトリックが言い出し、他の宗派が右へならえしたかららしい。おかしいではないか！　神が安息日を変更したと聖書に書かれているのならいざ知らず、罪人の人間ごときが神の定めた安息日を変更するなど、神をも恐れぬ所業ではないか！　そんなにムキにならなくても、1週間に一度休めれば良いではないか、などと言うのは、非クリスチャンの言い分である。クリスチャンなら、7つの大罪をご存知の筈である。その中の1つに〝怠惰の罪〟がある。1週間の曜日の順序は、日曜日から始まり土曜日に終わる。日曜日に休んでから1週間を過ごすという事は、休みを取ってから仕事をする、という事になる。これは怠惰の罪を犯すことになってしまうのだ！　サタンの策略は、似て非なるものを世の中にまき散らす事を最も得意とする。そして、その誤りを一般信徒に信じ込ませて拝ませるのである。サタンは、太陽や月の光と見間違わせる暁の明星として例えられる事が多い。サタンはサンタの対義語である。彼等の集会はサバトと言う。これは安息日の集会サバスの対義語である。一般民衆には区別が付きにくい事柄をたくみに使い、彼等を迷わす。その典型例が日曜日の休日であり、イエスの誕生日ではない日を祝うクリスマスなのである。安息日は土曜日でなければならない。6日間の労働の後、1日間の休みを取る。これが神の定めた約束事であり、全てはこのサイクルで動く事が求められている。それが安息日の定めである、と私は考える。イエスの誕生もそうでなくてはならない。マリアは妊娠期間を終え、イエスを出産し、休息を取った。本当にイエスが神の子であるのならば、その誕生は安息日の始まりの時、すなわち、土曜日が始まった直後でなければならない。それが神の定めたサイクルである、と私は考える。面白い事に、美空ひばりと山口百恵と松田聖子は、3人共土曜日生まれだ、と聞く。神に祝福された歌姫だということなのだろう。土曜日生まれの人間は、他の曜日生まれの人間とは違い、神から祝福されているのかも知れない。私の誕生日はいつだって？　1948年8月14日の土曜日生まれである。

○クリスマスはイエスの誕生日ではない！

毎年12月24日と25日には、世界各地でクリスマスが祝われる。クリスチャンでない、大部分の日本人にとっては、イエスの誕生日がいつであっても、クリスマス・セールがあって、クリスマス・フェアーがあって、お祭り騒ぎが出来れば、それに便乗してイエスの誕生日をお祝いしても、何の差し障りもないのであろう。だが、何せクリスマスは世界的な行事ゆえ、最低限のマナーは守る必要がある事は、あえて言う必要もない事ではあるのだが、あえて言う必要がある。日本人諸兄に1つ質問しよう。何故クリスマスは、12月24日と25日の2日間に渡って行なわれるのですか？　そんなの簡単な話だ。大阪の天神祭は7月24日と25日に行なわれる。24日の宵宮、25日は本宮だから、クリスマスの場合も24日は前夜祭、25日が本当のクリスマスだから、25日の夜に皆でどんちゃん騒ぎをしよう！　その証拠に24日はクリスマス・イブと言うではないか！とお答えになりますか？　そんな事、他国のクリスチャンに言ったら、ビックリされるか、失笑されるか、軽蔑されるか、極端な場合ぶんなぐられるかも知れない！　何故なのか？きっちり説明出来ない人、もしくは説明したがらない人が多いので、私がきっちりと納得行く説明をしよう。イエスはユダヤ人である。それ故、当然彼の誕生は、ユダヤの暦に基づいて述べられるべきだ。私の知るところでは、ユダヤ暦は春分の日を1年の始めとし、月の満ち欠けで月日を決める、いわゆる太陰太陽暦であり、1日の始めは日没である。何故なら、創世記第1章に、「日が沈み日が昇った。第一日である」と書かれているからである。現代のように分秒単位で時刻を刻むせちがらい世の中ではなく、夜間には真っ暗闇が支配する世界で、真夜中に日付が変るなどという暦など有り得ないのだ！　ご存知の様に、イエスは夜中に生まれたとされている。それでは日付は？ユダヤ暦なら何の違和感もなく、日付が決定出来る筈である。それを、現代広く使用されているグレゴリウス暦に換算するから話がややこしくなる。ユダヤ暦の日没から次の日没の間の1日にイエスは生まれた。それを現代の暦に置き換えると2日間に跨がってしまうのだ！　だからクリスマスは12月24日と25日の両日行なわれるのだ！　だがクリスチャンは、その辺の事情を理解しているので、クリスマスは12月24日の日没から25日の日没に掛けて行なわれる。すなわち、クリスマス・イブニングとクリスマス・デイに掛けてのほぼ24時間の間がクリスマスなのである。クリスマス・イブとは、クリスマス・イブニングの略称で、夜中にイエスが生まれたのだから、クリスマス・イブの時間中に、クリスマスの主要な行事が行なわれるのは、至極当然の事である！　それを、クリスマス・イブは前夜祭、25日の日没以後が本物のクリスマスだ、等とどんちゃん騒ぎする日本人は、世界中のクリスチャンから軽蔑されているのだ‼

さて、前座の話は終えて、本論に移ろう。イエスが12月24日・25日に生まれたという見解に、現代の学者は否定的である。そんな寒い時期に、裸で飼い馬桶に居れば、凍え死んでしまう、イエスが生まれたのは春頃であろう、という意見が主流のようだ。これらの説を推し進めて、私はイエスの誕生日は春分の日前後であろう、と推定する。春分の日前後とは、復活祭に近いではないか？　そうである。イエスは誕生日と死亡日が同一ではないか？と私は考える。神の子であるならば、それ位の芸当は朝飯前であろう。「私はアルファでありオメガである」と聖書の中で彼は述べている。アルファはギリシア語のアルファベットの最初の文字であり、オメガは最後の文字である。これを暦に当てはめると、「私は元日であり、大晦日である」となる。イエスが磔刑にされたのは、ユダヤ暦の大晦日から元日にかけてである事は以前述べた。誕生日も元日であれば、神の子に相応しい生涯であった、と証明されるのではないか？と私は考える。イエスは神の子である、と信じるクリスチャンなら、これ位のウワサは拡めてもしかるべきだと思う。何故、私がクリスチャンに加担して、こんな話を書かねばならないのだろうか？　不思議である！

では何故、12 月 24 日・25 日のクリスマス伝説が生まれたのか？　学者の説では、これはミトラス教の冬至の祭が起源であるという。キリスト教の勢力が拡大する過程で、北欧に存在したミトラス教の勢力をも取り込んだ。すなわち、北欧人の日差しに憧れる感情を巧みに取り入れて、光の子イエスへの信仰と合体させたのだ、という説であるようだ。そうだとすると、別の重大な問題点が浮上する。何が言いたいのかと言うと、お得意のサタン問題である。サタンは栄光の座から追い落された故、栄光への欲望が極めて強い。それ故、たとえ儚い明けの明星であっても、その光を偽って神と錯覚させ、民衆を惑わせようとする。クリスマスはその最大の策謀に利用されているのではないかと、私は危惧しているのである。アメリカのロックフェラーは最大最強の悪魔崇拝者だとする「際もの」の書物を以前読んだことがある。その真偽の程は置くとしても、私は毎年ニューヨークのロックフェラーセンターに、巨大なクリスマス・ツリーが飾られるのを報道で目にする度、心が穏やかではない自分を感じるのは、まぎれもない事実なのである。

○金持ちはクリスチャンになれない！

聖書の福音書中に、ある有名な話がある。ある人がイエスに尋ねた。「永遠の命を得る為には、私はどんな良いことをしたら良いでしょうか？」イエスは答えた。「あなたの持ち物を全て売り払って貧乏な人に与え、それから私について来なさい」その人は悲しそうな顔をして去って行った。多くの財産を持っていたからだ。イエスは弟子達に言われた。「金持ちが神の国に入るよりは、ラクダが針の穴を通る方がたやすい」（マタイ 19 章 24 節、マルコ 10 章 25 節）。イエスが率いる神の国運動はカルト集団だから、イエスがこう言うのは、ごく当り前のことだ。そこで、現在のクリスチャンの人達にお尋ねする。あなた方の中には、結構お金持ちがいらっしゃるように見えるのですが、その方々は何故クリスチャンなのですか？　ラクダでもむつかしい、針の穴をどんなテクニックで抜けて来たのですか？　終末の最後の審判でイエス様の前に立った時、どのようにして説明されるのか、その説明を今お聞かせ願えませんか？　聖書の中にこのように明確に書かれている事柄をないがしろにして、平気な顔をしているのは、イエス様が敵対者を一番激しくののしられる時に使われている、〝偽善者〟なのではありませんか？　それとも、私の勉強不足で、聖書の別の箇所で、イエス様が前言を翻しているのであるなら、その箇所を明確にお教え願いませんか、と！

○ペテロは裏切り者！

私はペテロが嫌いだ！　イエスの第一の弟子でありながら、イエスの考え方をまったく理解出来ず、出しゃばりで、おっちょこちょいで、いつもイエスからしかられてばかりいるお調子者としてのペテロの性格は、誰もが指摘するところであり、〝弱きペテロ〟として擁護する、いわゆる〝しかられ役〟としての役割を指摘するむきがあるのも、解らない訳ではない。だが、ペテロはイエスが主張していた〝神の国運動〟に決定的な打撃を与え、壊滅させた張本人だ、と私は考える。エッ、イエスを捕らえさせて〝神の国運動〟を壊滅させたのは、イスカリオテのユダだろう！と考えるのは当然の事であろう。だが、現代の組織論的に考察するなら、組織というものは、たとえトップの首がすげ変っても、次席の者が後を引継いで組織を立て直せれば、存続維持出来る筈の物なのだ！　〝神の国運動〟は、組織としての体裁が整っていないので、私の論理は多少ずれてはいるけれども、イエスが捕らえられた直後、その弟子達をたばね、まとめて行く役割は、ペテロが果さねばならない筈である。その役割を果すどころか、弟子達はイエスが捕らえられると、我先にちりぢりに逃げまどった。ペテロに至っては、他人からイエスと一緒に居たと咎められると、「私はあの人を知らない」と３度否定し、誓いまでたてたではないか！　それをイエスの後継者だなどと認めることなど、たとえ全世界の人々が認めても、私は認めない‼　だいたい、イエスの弟子達は揃いも揃ってでくの坊で、ゼベダイの息子２人は、神の国でイエスの右と左に座したい、と言っておきながら、イエスの右と左に磔にされることすら出来なかったではないか！　イエスの弟子達が評価されるのは、ペンテコステの奇跡以後、人が変って、キリスト教の布教に邁進貢献したからであって、それ以前の弟子達はまったく評価に値しない。その最右翼に居たのがペテロではないか！

ローマ・カトリックの初代教皇はペテロだということになっているそうである。その根拠がマタイ伝16章だと言う。「あなたは神の子キリストです」とのペテロの言葉に気を良くしたイエスは、「ペテロ（岩）よ、あなたの岩の上に教会を建てよう。私はあなたに天国の鍵を与えよう」（18・19節）と言った。この言葉を以って、イエスはペテロを初代教皇に任命したのだ、とカトリックは主張する。この説は説得力に欠ける、と多くの学者が述べているらしい。それより私が重視するのは、その直後の聖書の記述である。それからイエスは、自分がエルサレムに行き、殺され、３日目に蘇ることを話された。その時ペテロは、「そんなことが、あなたの身に起きるはずがありません」

と言って、イエスをいさめた。その時イエスは振り向いて「サタンよ去れ！　あなたは私の邪魔をする者だ！」と言ったと記述されている（マタイ伝第16章第23節）。「おまえに天国の鍵をさずけよう」と言ったわずか4節後に「お前はサタンだ！」と言っているのである。私は、イエスが弟子に向って「お前はサタンだ！」と激しくののしる箇所を他には知らない。ローマ・カトリックの信者さん達に告げる。あなた方敬虔な信者が信奉する初代ローマ教皇は、イエスからサタンとののしられ、イエスを裏切った人物なのだ！と。

さすがのペテロも心を入れ換え、キリスト教の布教に勢を出した。キリスト教はローマ帝国の各地に拡まり勢力を拡大したが、ネロ皇帝の大迫害により、ペテロやパウロはローマで磔刑により処刑されたと言う。映画化もされた有名な伝説がある。ペテロは何とか迫害の手を逃れ、ローマを脱出しようとしていた。その道すがら、前方からやって来たイエスとすれ違おうとした。ペテロはイエスに尋ねた。「クオ・ヴァデス？（主よ、どちらまで行かれますのですか？）」イエスは答えた。「お前の身替りにローマへ行き、磔にされる為に行こうとしているのだ！」。それを聞いたペテロはきびすを返してローマに舞い戻り、イエスと同じでは恐れ多いとして十字架に逆さに磔にされ、殉教したと言う。私はこの物語が単なる伝説ではなく、事実であってほしいと願う。以前、よくオカルト映画を観た時期があった。オカルト映画では、よく逆さ磔をアンチクライスト（反キリスト）の象徴として描いていた。ペテロは自らをイエスの裏切り者として自覚し、その負い目を十字架として常に背負いながら布教を続け、反キリスト者としての罰を受ける為、逆さ磔の刑を望み、やっと天国への鍵を授けられたのだ、と思いたい。そうであって初めて、私は彼を許す事が出来るのだ

(不遜である事は重々承知している)。彼は決して初代ローマ教皇の冠など望む筈がない、と私は信じる!!

○６６６の悪魔の数字

黙示録第13章の記述によると、二匹の獣が一匹は海の中から、一匹は地の中から上って来たという。その第2の獣は「獣の像を拝もうとしないものがあれば、皆殺しにさせた。また、小さな者にも大きな者にも、富める者にも貧しい者にも、自由な身分の者にも奴隷にも、すべての者にその右手か額に刻印を押させた。そこで、この刻印のある者でなければ、物を買うことも、売ることもできないようになった。この刻印とはあの獣の名、あるいはその名の数字である。ここに知恵が必要である。賢い人は、獣の数字にどのような意味があるかを考えなさい。数字は人間を指している。そして数字は六百六十六である」(黙示録第13章第15～18節)。賢い人は、数字の意味を考えよ、というのであるから、考えた。条件は2つ、人間を指すこと・６６６の数字であること、である。人間を指す数字というのは、仲々思いつかない。色々な解釈が出来、その解答は1つではないであろう。日本で一番オーソドックスな聖書である新共同訳聖書では、その付録の用語解説で、「６６６について最も有力な説は、ヘブライ語でネロ帝と読む解釈である」としている。ネロ帝はキリスト教の迫害者であったから、妥当な解釈ではある。私が学習会に参加していたSDA(セブンスデー・アドベンチスト)教会はプロテスタント故、これをローマ教皇の権力と解釈する。ローマ教皇はサインをする時に〝神の代理人〟という意味のラテン語を使用するそうだが、その文字のローマ字に含まれる数字を表わす文字(時計の文字盤によく使われる１をⅠ、５をⅤ、10をⅩというように）を合計すると６６６になるという。成る程、中世ヨーロッパで悪魔的な権力を奪い、私が世界史上の３大悪と呼ぶ魔女狩り、黒人奴隷制度、欧州列強によるアジア・アフリカ・ラテンアメリカの植民地支配の背後には、カトリックの権力が常に存在していたことを考え合わせると、納得がゆく。現在はそれが改革改変されたことになっているが、私が先に述べたように、かなり疑問が存在する。そして、キリスト教徒全勢力のおよそ３分の2、すなわち66.6％がローマ・カトリック教徒である事実に、割り切れない疑念が存在する。現在は全キリスト教勢力を合計すると、世界一信者が多い宗教であることになっているが、間も無くイスラム教とヒンズー教に追い抜かれ、第３の勢力に転落するのが確実となっている。キリスト教の影響はこれから凋落の一途を辿ることになるのだろうか？

それ以外の解釈として、私は日本にも獣の名を持つ集団が存在することを発見した。それは、この文章の前半で述べたので、繰り返さない。他の国においても同様に、６６６の数字に当てはまる獣の数字を持つ集団は存在するのであろう。ロシアや中国・朝鮮・中南米辺りにいそうな気がするが、私は文字や言語に詳しい訳ではないので、不明である。

ここまで書いて、ようやく私は、この文章のタイトルを「遺言」とし、その文章を綴じ込めて、安易に立ち読み等出来ないようにした本意を明らかにすることが出来る。そう、本当に私は万が一の死が有り得る事を覚悟しているのだ！　これだけ口ぎたなく、日本の歴史学会・宗教関係者・出版業界等を非難しているので、中には本気で私に殺意を抱く人物が居ても、何ら不思議ではない。特に私が獣の集団であると指摘した集団のシンパならそうであろう！　本気でその危険を冒さず現在の体制を忖度していたら、いつまでたっても真実はおろか事実さえ明らかにならないのだ！　事実を明らかにするには、自らの命を懸ける位の勇気は、残念ながら今の日本社会では、不可欠なのであろう。私は殉教者にならなければならないのかも知れない。そして、殉教者はまず最初に天国に迎えられる、と黙示録に書かれている。天国の門でニャーニャ（サラ）やニャニャヒメ（天使コロナ）やニャニャミ（イサク）が迎えてくれるのを待つのであろうか？　コペルニクスの気持ちが解る気がする。

第２の理由は、やはり私は神よりサジェスチョンを受けて書き上げた、100万字以上の小説三部作を世に出したいのだ！今のまったく無名で金も無い私には、何か世間をアッと言わせる仕掛けを講じる以外に方法が無い、と考えた。その結果、本書がベストセラーとなり、私の元へ大金が転がり込んで来て、三部作を出版出来、自費出版を志す人々を支援出来る貢献が出来、ネコを人間のパートナーとして待遇出来る役割を果たす事が出来れば良し、そうでなくても、私の小説出版に慈悲を与えてくれる出版社の出現を期待して待つ事も出来る。その為には、自分の命と引き換えにしたとしても、悔いは無い。神の御慈悲を！

３つ目は、もし期待通りに行かなかった場合だ！　これだけの手段を講じても、何の成果も得られなければ、私はどうすれば良いのだ？　期待して私を選び鍛えた神様に、私に最初のサジェスチョンを与えたSDAのF牧師に、私を励ましアドバイスを賜ったK先生に、熱心に私の原稿を読み、親戚の中で唯一私の理解者であり、昔キリスト教の日曜学校にも参加していたという本家のRおば様、それらの人々に何と言ってお詫びすれば良いのだ？　昔風に表現するなら、死んでお詫びするしかないのではないか？　私はそんな根性は無いので、お願いしよう。

私に名誉を与えて頂きたい。しからずんば、名誉の死を与えて頂きたい。

さあ、私は今持てる力の全力を傾けて、この文章を書いた。もう、思い残す事は無い！　後は最後の審判を待つのみである。その結果望みは叶えられず、私の体も腐ち果て、後世の人が偶然この文章を国会図書館の片隅で発見し、涙の一粒でも流してくれたなら、その一粒の涙がやがて豊かな穂を結ぶことを期待するしかないのであろうか？　この私の遺言を！

補説

本当にそれで良いのか？と僕の良心が問い掛けて来る。これだけの文章を「遺言」として書いたのに、駄目押しせずに拍子抜けするのか？と心の中の私が問い掛ける。煮え切らない人々を〝偽善者〟とまで罵ったのに、お前も偽善者に成り下がったのか？と僕の中の本音が問い掛けて来る。そうだ、やはり書くべきなのだ！　命を懸けてまで公表した文章に、最終的に駄目押しする文章を書かずして、終えるべきではないだろう。それ故、次の文章を付加する。

私の文中で、ローマ・カトリック教会について何度か触れ、評価して来た。その内容を最終的に総括しておこう。

私の評価では、ローマ・カトリック教会とは、イエスの弟子の中で最も裏切り者であったペテロを初代教皇とし、自らのサインの中に６６６の獣の数字を有するローマ教皇を戴き、安息日を神の定めた土曜日から日曜日に変更し、イエスの誕生日ではない12月24日・25日をクリスマスとして祝い、イエスが拒否した金持ちをその信者に加え、ユダヤ人を敵視したり、幼児に対する性的暴行を行なった神父を有し、全キリスト教徒の3分の2＝66.6％の信者を有する団体である。しかして、その実体は、論理的には、反聖書主義勢力であり、サタンの論理が支配する集団である、ことになる。

だが、と別の私が反対する。あれだけ敬虔な信者を多数有し、熱心に平和への精力的努力をし活動している教皇を戴き、世界の多くの人々に平安と安寧を与えている世界最大の宗教団体が、本当にサタンの集団なのだろうか？　そんな大それた意見を公然と述べても良いのか？　第一、神とか、サタンとか、天使とか、唯物論者のお前が、本当に信じているのか？　いくら論理的結論であっても、命を懸ける程大層なものか？　唯物論では、あの世など存在しないんだぞ！　これだけ組織化された団体におどろおどろしいサタンなど居る訳ないだろう！　困ったなあ、じゃあこう言っておこう。

私自身が自らの良心に基づいて得た結論は、ローマ・カトリック教会の組織の中に、反聖書的・悪魔的な要素を明らかに認めた。このことが是正されない限り、この組織が健全であるなどとは到底言えない。ローマ・カトリック教会の猛省を促し、真に世界の人々の心に寄り添う組織に改変されるように提言することこそが、唯物論者・歴史学徒としての、私に求められる役割である、と信じる、と。

もう１つの６６６の数字を持つ集団はどうなんだ？って。そうだねえ〜！　こちらの方が、日本国民に与える衝撃がマグニチュード１位は違うだろうね！　マグニチュードが１しか違わないなんて、大した事ないねって？　いやいやマグニチュードが１違えば衝撃の規模が、35倍違うってことだよ！　何せ天皇制の権力争いと日本国の歴史改ざんに関わる訳だから！　これについては、機会を別に与えてもらえれば、１冊や２冊の本を書いて説明しなければ真意が伝わりません。くだんの３部作か、新たに論説集を執筆する栄誉を与えていただければ、納得いく説明を致しましょう。それまでは命を狙わないでね _(_._)_ なにせ、このことが明らかになれば、命を狙われますネとの、Ｆ牧師が断言された事項なのだから！

いずれにせよ、私は天国に迎えられ、最愛の家族と再会したいのだ！　それには、私の知り得た事実を公開しなければ、天国には迎えてもらえない、と固く信じている。その為にこの文章を危険を冒して書いたのだから。

あとがき

もう８年たってしまった。不本意な８年だった。思いが空回りした８年だった。２冊目を出版する思いは早くからあった。何で８年も掛かってしまったのか？　その理由の大半はイラストマンガを掲載する企画にあった。この本を読まれた大抵の読者はお気付きの事であろうが、私はどんなジャンルの文章でも、良し悪しはともかく、書く事は出来る。ユーモア小説でも、シリアスな小説でも、歴史小説でも、コントでも、本格的な論文でも、歌集でも、詩集でも、ウィットの効いたショートショートでも、アジテーションの文章でも、書けと言われれば書いてみせる。だが、絵は描けない。絵心が無い訳ではないが、それを絵にする事が出来ない。ネコ達とミスターＧとの交流を絵にしたかったが、誰かに依頼しなければならない。それでは、私の本ではなくなる。共著の本になってしまう。それだけの価値ある本で在り続けられるのか？　色々と模索した。試行錯誤した。出会いがあり、別れがあり、裏切りがあった。そして、イメージマンガへと辿り着いた。私の絵心を理解してもらい、それを鮮やかに脳裏に焼き付ける事の出来る、読者諸氏、あなたのイマジネーションでこの本を色どる、あなたの力が必要なのだ！

幸いにもこの本が読者に受け入れられ、新たな装いで再発行される時がもし来たら、プロのイラストレーターに依頼して私の本が再発行される日が来るかも知れない。その時には、あなたのイメージとプロのイメージとを比較検証して、お楽しみ下さい。

印刷された活字では、当然判る筈も無い事であるが、この本の原稿はボールペンで原稿用紙に手書きで書いた。前回の本はワープロで仕上げたのに、今回はボールペンでわざと書いた。何故？　それだけこの原稿が後世に残す価値のある原稿であると位置づけたからである。この本が評価されればされる程、その原稿の存在が注目される事になるのだ。著作権の継承や評価にも関わってくる。文字通り私の遺産なのだ。

縦書きの部分は縦書きの原稿用紙に黒のボールペンで、横書きの部分は横書きの原稿用紙に青のボールペンで、そして遺言の文書は横書きの原稿用紙に緑色のボールペンで書いた。別れの文章は緑色で書くものだからである。そして、この「あとがき」の文章は何色で書こうか？　赤色？　ちょっとドギツ過ぎるなあ！　そうだ、７色のボールペンの中の水色のボールペンで書こう！　全ての原稿が書き上がって、心がすっきりと晴れあがった空の色のように、水色のボールペンでこの原稿を書いている！

時は移り過ぎ、想い出はどんどん過去のかなたへと過ぎ去って行く。ニャニャミの死と相前後して、居酒屋Ｋのママが旅立って行った。その正確な没年月日と享年を確定させる為に連れ合いに電話したが繋がらない。手持ちの写真だけ掲載しておこう。ミセスＫの携帯電話も繋がらない。ネコ達のなわばり・エデンは工事で閉鎖された。ネコ達の子孫も行方不明だ。カマトトネコ達の物語も、今では夢物語になってしまった。しかし、過去の夢物語は確かに存在した。私の胸の中に、そしてこの本を読んだあなたの胸の中に！　そして私、ミスターＧとシロロ、クロロは、新たな人生、ネコ生を紡いで行く！

縦書き部分の従来の物語は、増補改訂版と称しながら、実はやむなく大幅削除している。横書き部分とのバランスを取る為である。従来のままでは膨大な文量の本になってしまい、刊行出来ないからだ！　将来、許されるなら、従来の物語に、まったく載せる事の出来なかった番外ネコ、パパッコニャニャト、変ネコニャンタ、それに現在共に暮らしている、子ネコから大幅に化けた実質チャロロのシロロ、タキシードキャットからエプロンキャットに変身し、黒ネコとして去年ハロウィンデビューした甘えん坊将軍クロロ等の物語を加え、「カマトトネコ達の物語完全版」が刊行出来ればオモシロイが、先の事はまったく不明だ！　出版出来れば、またお会いしましょう！出来なければ、これでお別れです！　読者の皆さん、ご愛誌ありがとうございました‼

私はコロナウイルスがにくい！
天使のようなニャニャヒメの命を奪った
　　　　　　コロナウイルスがにくい！
全世界の善良な人々から最愛の肉親を奪った
　　　　　　コロナウイルスがにくい！
全世界のコロナ犠牲者の心に安らぎが
　　　　　　　　　　　　　ありますように！
　　　　　　　その為に天使コロナを創造した
私の人生観・全知識・全知全能を傾けて
　　　　　　　　創造した私の天使コロナ
何が何でもニャニャヒメを天使コロナにする！
これは私のハルマゲドンの戦いである！
　　　私のハルマゲドンの戦いなのだ‼

ご存知のように、コロナウイルスはレトロウイルスである。インフルエンザウイルスやエイズウイルスのように。レトロウイルスは遺伝子がＤＮＡではなくＲＮＡなので変異し易い。コロナウイルスも、ニャニャヒメの命を奪った猫腹膜炎のウイルスから人に感染するウイルスへ、それ以後も数回変異している。インドのビシュヌ神や観音様のように、33回変化・変異するかも知れない。まさにサタンがこの世に放った最強最終の兵器かも知れないのだ‼　コロナウイルスの犠牲者が安らかに天国に迎えられ、遺族の悲しみが少しでも安らぐように、天使コロナを創造し皆様の元へ派遣した。その大それた行為に対する責めは一身に負うつもりである！

私は自費出版の制度をにくむ！
幾多の志ある人々の希望と夢と才能を打ち砕き
絶望と苦悩の淵へと追いやった
自費出版の制度をにくむ！
新風舎という出版界のモンスターを出現させ、
容認し、隠ぺいし、撲滅を怠った
出版業界を憎む‼
この本を出版してそれらを告発する、それが私のハルマゲドンの戦いなのだ！
その為に私の人生観・ノウハウ・全知全能を傾けた！

現在のしきたり・常識・手順に安住し、自らの首を絞めながら惰眠を貪る出版界にカツを入れる為に、可能な限りエゲツない表現形式を取った。この本は普通の本の形式をぶち破った。タテ書きとヨコ書きを並立させ、表と裏の区別をなくするという事は、表表紙と裏表紙の区別も無いという事だ。食べ物にたとえれば、ギョウザやサンドイッチやハンバーガーやマンジュウやホットドッグやオムライスのように、表と裏の区別など無意味で、皮と中味の区別が意味のある食べ物だという事だ！　その皮に当たる部分が「カマトトネコの物語」の本文であり、30余章×２に分かれているということなのだ。したがってこの物語の一番系統だった読み方は、プロローグから始まり、同じタイトルの章をタテヨコたすき掛けで読み進め、最後にエピローグで終了する。すなわち横書き部分から読み始め、横書き部分で終了するのが正統的な読み方だと言う事なのだ！

「まえがき」にせよ「あとがき」にせよ、本の中央部分に存在する。普通は有り得ない構成にしてある。奥付も普通と位置が違う。「遺書」の部分は袋とじにしたり、別冊にしたり、ヨーロッパの古書にあった逆とじにしてペーパーナイフで切りながら読む本の形式も考えていたが、手間隙予算がかかるので断念した。立ち読みでのぞかれては沽券にかかわる秘密の文章だからである。目立たない位置に収まったので、不貞のやからはほぼ防止出来るであろうと断念した。

ウィンドウズ98で打ち込み、フロッピーディスクに保存した100万字以上の大作小説「ボンヴォヤージュ」３部作にいまだにこだわっている。その中のさわりの部分だけでもこの文章の中で日の目を見させよう。３部作の中で第２作「倭（やまと）篇」の新風舎文芸賞で「おしくも最終選考にまで残ったが、残念ながら選にもれた」とされる聖徳太子臨終場面と、竜田川公園へ親子３人で出掛け、主人公竹内真が創作した沓冠《くつかんむり》（逆）折句歌という、恐らく最高難度の歌である。

第三十一章　　昇　　天

厩戸皇子は束の間のまどろみから目を覚ました。夢を見ていた。素晴らしい夢であった。父の用明天皇と母の間人皇后が花園の中にいるのが見える。后の膳皇后もいた。辺り一面かぐわしい香りとまばゆい光に満ちていた。ここが話に聞く天寿国なのか？そうにちがいない！父も母も既にかの国に旅立ったはずである。后も昨日旅立った。残るは我一人。我も旅立たん。そして、父母后に再び合間見えるのだ！そうだ、そう致そう！父上母上しばしお待ち下さい。準備して参ります。そして目が覚めた。夜は白々とまどろみから目を覚まし始めていた。

　人の気配がした。

「誰かそこに居るのか？」

「私めで御座います。」

「おおそちか！ちょうどよかった、これから旅に出る。旅支度をしておくれ。」

「こんなに朝早くからどちらへお越しで御座いますか？その前にいつものお薬をお持ちしました。」

「おお、そうであったな。支度が整ったならば、頂くとしよう。父が我に与えし杯は飲むべきである。汝は汝の役割を果たすがよい。」

旅支度が整った。

「さて、そろそろ杯を干すとしよう！」

「皇子、その杯は・・・」

「存じておる。この杯にどのようなものが入っていたかは、ずっと前から判っていた。そして、そちが何の為にそのようにしたかも判っておる。よいのじゃ。これでよい。我がこの世でなすべき事どもは終った。そちは我によく仕えてくれた。感謝しておる。恨みになど思わぬ。よいのじゃ。これでよいのじゃ。」

「みこ〜—！」

皇子は杯を一気に飲み干した。

「さて、少し横になるとしよう。皆の者によろしく伝えてくれ。世話になった、さらばじゃ！」

「皇子、皇子お許し下さい～！」

皇子は眠りに就いた。そして、二度と目を覚まさなかった。


　調子丸はいつものように黒駒の準備をしていた。雪が降っていた。木々の枝に、野の草の上に、葦垣宮の甍の上に降り注ぎ、この世の美しい物も、醜い物も、善き物も、悪しき物も、覆い隠し、静寂の中に包み込んでしまう、そんな雪であった。その時、一瞬空から一条の光が差した。その光の中に雪が舞い散り、光の帯を造った。帯の中の雪は流れ、光の滝を造った。その中をゆっくりと空へ舞い上がる人物の姿が見えた。

「黒駒よ、あれは皇子ではないか？そうだ、皇子に違いない！皇子が天に昇って行かれるのだ！」

黒駒が一声鳴いた。その声は長く長く尾を引いて、辺りの静けさの中を貫いていった。調子丸と黒駒は、皇子が昇って行く光の帯を、何時までも何時までも見続けていた。その一筋の光の帯の中を、父の待つ、母の待つ、后の待つ、天寿国へと、皇子はゆっくりと昇って行った。天上ではそれを迎えるかのように、金色に輝く雲がたなびいていた。厩戸皇子五十歳の旅立ちである。推古天皇三十年・西暦六二二年二月二十二日、早朝の事であった。


　私自身、号泣しながらパソコンに打ち込んだ、２度と経験出来ないであろう、自慢の文章である。この本を読まれた読者諸氏に公開する。私の渾身の文章をご覧あれ‼

たまの休日楽しみて　再びここに相まみえん
つかの間の休日楽しみて
　　　　　　　　ここにこうして相いこう
たった一日過ごししは
楽の音（がくのね）聞こえし園たるが
われと家族がハイクした
こうして一日過ごしつつ
縁あらばまた創りたき歌（うた）

行の冒頭と末に「竜田川公園」の文字を逆に挿入した、話には聞くが現物を見た事が無いので、見よう見まねで創作した最高難度の沓冠（くつかんむり）（逆）折句歌である。このまま陽の目を見ずに終らせるのが、余りにも不憫な為、ここに掲載させて頂いた。

僕の希望ちゃん、さあ出ておいで！
魑魅魍魎は皆出て行っちゃったよ！
さあ、出ておいで、君と出会う為に、
このパンドラの箱のフタを開けたんだから！

さあ、青空が晴れあがった！　陽の出が近い。太陽の光が降りそそぎ、輝く一日が始まる事を心よりお祈りします！

西暦 2025 年 2 月 22 日　子子子・子子子
ビバ、ニャンコ！

増補改訂版

カマトトネコの物語

子子子・子子子
（ねこのこ・こねこ）

風詠社

目次

天使コロナとカマトトネコの物語

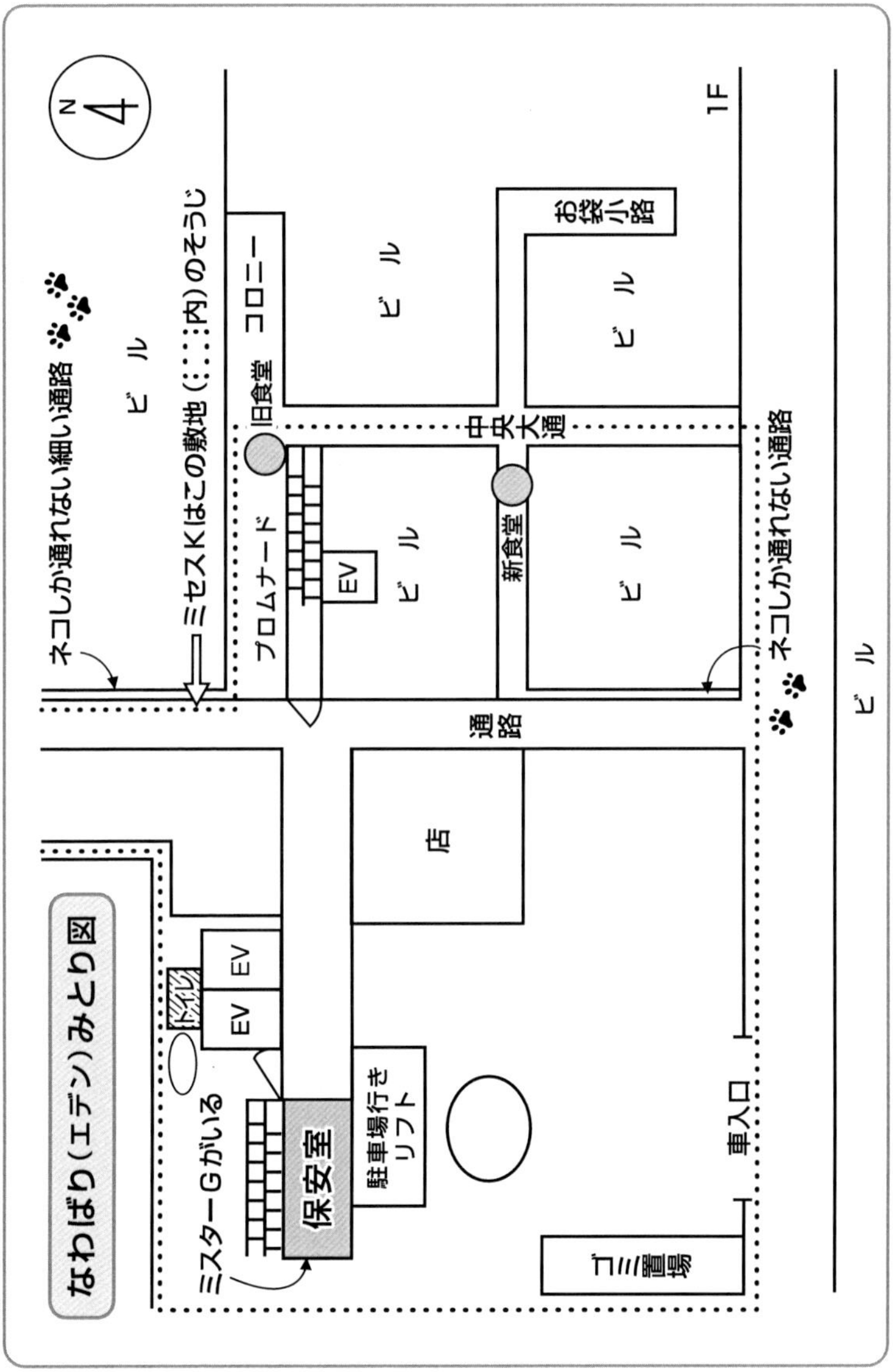
なわばり（エデン）みとり図
N
ネコしか通れない細い通路
ミセスKはこの敷地（⋯内）のそうじ
ビル
旧食堂
コロニー
ビル
プロムナード
EV
ビル
中央大通
新食堂
お袋小路
ビル
ビル
1F
ネコしか通れない通路
ビル
通路
店
トイレ
EV
EV
ミスターGがいる
保安室
駐車場行き
リフト
車入口
ゴミ置場

一、カマトトネコって？

吾輩はネコである。な～んてわけ、ないよね！

私はしがない、警備員である。でも、将来は文豪と呼ばれる小説家（になる予定）である。名前は言わない。言うつもりはない。今の警備員は、世を忍ぶ仮の姿であるからして、私の名前などどうでも良いのである。それに、名前をばらすと都合の悪い事がある。どんな都合だって？ それはこの物語を読むと、おいおい判って来る。まあ、ミスターＧとでも呼んでくれ。ガードマンの、Ｇである。警備員の、Ｋでもいいじゃないかって？ 良くない！ 後で重要な登場人物として、元カマのミセスＫなる人と、居酒屋Ｋの元カマママというのが出て来るので、まぎらわしい。だから、ミスターＧでいいのだ。

さて、いとしのネコちゃんにご登場願う前に、物語のタイトルのカマトトネコについて説明しておこう。「カマトトネコ」なんて初耳の言葉だ、とお思いのことだろう。その通り！ 私が造った言葉、いわゆる造語なんだから！ 「カマトト」なる言葉は、良くご存知の事だろう。辞書には、「かまぼこ」は「とと（魚）か」と、知っているのに知らないふりをする、純真・うぶをよそおう女、と書かれている。大学時代のクラスメイトに「トト子ちゃん」と私がニックネームを付けた女性がいた。赤塚不二夫の「おそ松くん」に出て来る少女から取った、ニックネームだが、「カマのトト子ちゃん」の意味である。彼女はすこぶる付きのカマトトであった。なにせ「カマトトってなあに？」って聞いて来るのだから。「君のような女性のことだよ」と言うと、

「ああ、美人のことね！」と来たもんだ！　ことほどさように、「カマトト」なる言葉は何となく愛敬のある人物に付けられるようだ。その点、この対極にある言葉の「しったかぶり」とは、趣が違う。「カマトト」はほぼ全員女性（とニューハーフ、それはオカマトトや！）に使われるが、「しったかぶり」は圧倒的に男性が多い。知りもしない事を当てずっぽうに、さも良く知っているかのように講釈をたれる人がいる。最近復活した「ちりとてちん」も同様の意味である。すぐに他人に見透かされ、冷笑されているのも知らないで、はったりがばれているのも知らないで、さも物知り顔にまくし立てるから、始末が悪い。関西弁で言うところの「ええかっこしい」もこの類いである。事実を確認しづらいのを良いことに、やれ俺は会社の重要人物だ、地域のボスだ、政治家と懇意だ、と吹きまくるから始末が悪い。貴方の近くの職場にも、住民にも、飲み屋にも、一人や二人はこんな人、居ませんか？　私の身近にも、た〜くさんの「しったかぶり」人間が居たし、居る。それに比べれば、まだ「カマトト」は可愛いものである。

　話が脱線してしまったので、元に戻そう。ネコの中にも「カマトト」がいるのである。もっとも、「かまぼこはととから造られてるの？」と尋ねるネコなど居る訳は無い。居たらそれは化け猫に違いない。ネコはかまぼこがととから造られているとは露知らず、喜んで食べているのである。きょうび、正真正銘の尾頭付きの魚を食べているネコは、少ないのではなかろうか？　カツオブシやキャットフードやネコマンマやかまぼこを食べ慣れているきょうびのネコにとって、尾頭付きの魚とは、チリメンジャコやメザシ位のものかも知れない。飼い猫は言うに及ばず、野良猫でも、市場をナワバリにしている猫は除いて、ネコがもし喋れたら「魚って尾っぽや頭がある

んじゃなく、切り身のことでしょう?」と言うに違いない。私の言う「カマトトネコ」とは、野良猫なのにエサは人間から貰っていて、それでいてビルの谷間のナワバリに隠れ住み、自由に生きるあるネコ一家のことである。「カマトト」であるからには、メスネコでなければならない。そう、ネコは母子家庭が多いのである。例外として一匹だけオスネコが登場するが、いずれ去勢するので、オカマトトネコとして、お許し願おう。それでは、いよいよ次回から、その愛すべき彼女達、いや彼メス達にご登場願おう！　ご期待してニャー！

　私のなわばり、すなわち勤務地は、大阪の北新地に在る。北新地のど真ん中に在る、雑居ビルが職場だ。当然飲み屋が沢山入居しているのだが、附近の他のビルとは、少し趣が違う。他のビルが大抵数階建ての、飲食店ばかりが入っているビルであるのに対して、このビルは飲食店とマンションの二重構造になっている。即ち、地下二階から七階までが飲食店が入居しており、八階から十二階まではマンションとなっているのである。土地の所有者は同一であるが、管理運営会社が七階までと八階以上とでは違う。そのそれぞれから委託を受けて、私の所属する会社が警備を受け持っている。複雑なように感じるかも知れないが、この世界ではそんなに珍しい事でも無いようだ。その敷地は隣のビルと境を接して、ちょうど凸の字のようになっている。その凸の凸の部分に我々が待機する保安室が在る。何故こんなプライベートな環境を説明するのかというと、これらの環境を解っていないと、これからの物語が理解しづらいからである。

　さて、この凸の部分と凸の部分にネコのなわばりがある。凸の部分には黒ネコが、凸の部分に

は茶色の縞模様のネコが、凸の部分には黒の縞模様に少し茶色っぽい色のついたネコ達と三毛猫が居る。言いにくいので、茶色のネコをキツネ色なので稲荷族、黒の縞模様をワオキツネザルのしっぽに似ているので和尾族と呼ぶ事にする。凸の部分に立体駐車場があるので、黒ネコ族は駐車場の管理人からエサを貰っているらしい。凸の部分には七階までのエレベーター、凸の部分には八階以上へのエレベーター、凸の部分には東西の非常階段があり、鉄の扉で仕切られている。したがって、稲荷族と和尾・三毛連合軍はそれぞれの階段に侵入することが可能なのだが、凸の部分に我々のトイレと流しがあるので、和尾・三毛連合軍は、絶えず我々から追い立てられる運命にある（なわばりみとり図参照のこと）。なにせ、流しの附近にオシッコをするのだから。ネコのオシッコは特別に臭い。なわばりを主張する為に、オシッコの中にホルモンが含まれているからだと、新聞に書いてあった。流しの周りには、常に悪臭が立ち込めている。だから、和尾・三毛連合軍は、我々警備・清掃連合軍に、常に追い立てられる運命にある。結果的に一番地の利を得ているのが、稲荷族だということになる。わがカマトトネコも、稲荷族のなわばりに居るネコなのである。さあそれではいよいよ次回から、そのネコの話をしよう。期待しててニャー！

二、稲荷族との関わり

私はネコ派ではなく、イヌ派であった。昭和三十・四十年代の高度経済成長時代には、家でスピッツを飼っていた。高度経済成長時代を象徴する、あの良く吼えるイヌである。昭和三十七年

に飼い始めて、名前はマミというメスで、翌年子供を生んだので、親から一文字ずつ取ってマコとミコとした。その年タイムリーにも、「愛と死をみつめて」が大ヒットして、マコとミコという名前が有名になった。そんな事はこの話とは関係無いのだが、とにかく、このなわばりで勤務するようになっても、当初はネコに余り関心は無かった。仕事に差し障りがあるので、流し附近をうろつく和尾族を、ホースの水で追い払う位で、ネコの動向など、どうでも良かった。それがそうもいかなくなったのは、勤務し始めて、一年くらい経った晩冬の頃だった。西側の非常階段の二階踊り場に「ネコにエサをやらないで下さい」の張り紙がしてあった。ある晩には、突然保安室の扉がノックされた。ドアを開くと、どこかの店の女店員で、開口一番「ネコにエサをやってるんですか?」と質問して来た。「いいえ!」と答えると、「でも、エサが残ってるでしょう?」「誰かがエサをやっているようですね。でも、我々は知りません」と答えると、何も言わずにドアを閉めた。失礼な態度だが、水商売の人間の、我々に対する応対は、この程度のものである。何らかのトラブルが起こっているらしかった。

　事件が起こったのは、それからしばらくたってからであった。私の勤務の日、深夜にトイレに行く時に、流しの向こう側に、ネコの死骸を発見した。懐中電灯で照らしてみると、口から血を吐いているようなので、どうやら毒殺されたものと思われる。翌朝、次の勤務者に引き継ぎ、彼が処分した。数日後の朝、隣のビルの敷地内に、再びネコの死骸を発見、隣のビルの警備室に知らせに行った。隣の警備員は、「また、ですか？　これで最近三匹目ですよ!」と言っていた。つまり、この間に少なくとも四匹以上のネコが犠牲になったことになる。いずれも和尾族のなわ

ばり内である。痛ましいことである。

　そんな事件の記憶が薄れた七月頃、今度は稲荷族のなわばりで、ネコの死骸が発見された。

「二階の店員の知らせで見に行くと、死後数日経っていると思われる死体が在った。放っておけば、干からびるのではないか？」と引継ぎノートに書いてあった。そういう訳にも行かないので、現場に向った。稲荷族のなわばりの奥深く、人間が立ったままでは潜り込めない路地の奥に、その死骸は在った。しょうがないので、保安室に在った竿で、手繰り寄せた。表面の右半身は確かにかなり干からびていたが、地面に接する左半身は肉がはみ出して、腐敗していた。ゴミ袋に収容し、保健所に電話して、処分して貰った。以前のように毒殺されたのか、自然死なのかは判らなかったが、母ネコのようであった。

　この母ネコには子ネコが二匹いた。親と同じ稲荷族であった。春に生まれたのだとしたら、僅か三、四ヶ月で、母ネコと死に別れたことになる。子ネコ達の行く末が、ちょっぴり気がかりであった。だが、子ネコ達は、順調に育った。ある冬の日、夜中の巡回でなわばりを見に行くと、廃品の洗濯機の上の棚に二匹で体を寄せ合って、冬の寒さに耐えていた。年が明けると、その中の一方が、私の巡回に付いて来るようになった。我々の巡回の基本ルートはこうだ。まず、店舗用のエレベーターで、七階まで昇る。そこから屋上まで、外部の非常階段で登る。マンション部分の内部は、巡回しない。オートロックのマンションなので、安全は確保されているからである。東西の非常階段の十二階から八階までの部分を、おのおの巡回した後は、東西の階段とエレベーターホールを、たすき掛けに巡回するのである。その東階段の四、五階辺りで、ネコが待ち伏せ

している。エレベーターホールと非常階段の境の鉄扉を開くと、好奇心旺盛の仕草で、エレベーターホールに入って来る。慎重に、シッポで壁との距離を確認しながら。我々警備員は、三人で二十四時間の勤務を交代して務めている。同一の制服を着用しているのであるが、他の警備員からはネコの話を聞いたことが無い。どうやらこのネコは私を見分けて、付いて来ているらしい。メスネコのようだ。つまり、私はこのネコから選ばれたらしい。時々ネコの様子を窺いに行ったからなのか、あるいは私が母ネコを処理するのを、どこかの物陰から窺っていたからなのか、はたまたとっつき易いと、見くびられたからなのか、理由は判らない。だが、このネコの選択が、その後の私の行動を大きく左右することとなった。その運命の出来事について、次回に詳しくお話することにしよう。

三、グッパの契り

稲荷族の姉妹は当然のことながら、双子で顔が似ていた。見分けが付き難いが、一ヶ所シッポの長さが違った。一方はシッポが長く、一方はシッポが短かった。ロングとショートと、呼ぶことにする。この中のロングが、物語のヒロインである。相変わらずロングは、巡回の度に私に付いて来る。しかも、階段の踊り場で、時々おなかを見せて寝転がるようになった。どうやら発情しているらしい。自分は敵意が無いことを示しているらしいのであるが、これが人間のメスの行為なら大変である。私は誘われていることになる。メスに明らかさまに誘われて、黙っている訳に

はいかない。「据え膳食わぬはオスの恥」と言うではないか！　試しに、寝転がっているロングのおなかを、撫でてやった。気持ちよさそうにする。ついには、前足の片方が徐々に斜め上に突き出され、虚空を掴むような仕草をし始めた。解り易く言えば、グッパをし始めたのである。これはきっと、快感に悶えている仕草に違いない。遂に或る日、私は決断し行動に移った。人間のオスの沽券に関わる、重大な決断であった。

　早春の或る日、いつものように、ロングは階段の四階辺りで待ち伏せしていた。踊り場でおなかを見せて、横たわる。私は踊り場から二段上のステップに座って、ロングを引き寄せる。おなかを撫でてやると、いつものように、徐々に前足がせり出す。グッパをする。だが、今日はそれでは終らない。私は行動に移った。更に愛撫を続け、乳房をまさぐる。人間のメスを扱う時と、同じである。ところが、ネコの乳房は八つある。それを十本の指で扱うのであるから、勝手が違う。人間のメスのようには、いかないのである。更に厄介なことには、その乳房は密生した毛の中に、埋もれている。しかも彼女じゃない彼メスは、処女じゃない処メスであるから、乳首が小さい。捜すのに、一苦労する。それでも何とか探り当て、必死に愛撫する。これが本当のペッティングである。ロングにとっては、私が初めてのオスである筈だ。ネコのオスからは決して得ることの出来ない、究極の快感を与えなければならない。ネコのメスに対する、人間のオスの、プライドを賭けたペッティングなのである。貪欲な人間のメスとは違ってネコに対してはオーラルまでは必要なく、マニュアルで事足りた。努力の甲斐があって、ロングは何度もグッパを繰り返した。

相手が人間のメスなら、これは前技であって、この後、本番の性行為に移るのであるが、人間とネコとでは、交尾出来ない。第一に、サイズが合わない。無理やりインサートして、抜けなくなったらどうするのだ？　病院に駆け込むのか？　駆け込む病院は人間の病院か、それとも動物病院なのか？　そんなことになれば、仕事をクビになるのはおろか、週刊誌にでも取り上げられれば、天下の笑い者になってしまうではないか！　それでは、ネコに舐めさせるか？　ザラザラのネコの舌で舐められれば、すぐにイッてしまいそうである。だが、これも問題がある。最近人間のメスでも、オーラルセックスの影響で、口の中で淋菌を繁殖させているメスがいると聞く。ましてや何を口にしているか判らないネコに、自分の大切な物を任す訳には行かない。尿道炎にでもなったらどうするのだ？　泌尿器科の医者に「どうされましたか？」と聞かれて、「実はネコに舐められまして、尿道炎になりました」などとは言えないではないか！　実際に新聞報道によると、「カプノサイトファーガ感染症」という感染症が在って、犬やネコの口の中に居る細菌によって引き起こされ、稀に死者が出るらしい。ある統計では、野良ネコの五十七％からその細菌が見つかった、というから恐ろしい。というわけで、ネコとの交尾は断念し、一方的にこちらが奉仕するペッティングに専念することと相成った。そんなことは露知らず、ロングはグッパを続ける。切りが無いので、途中で切り上げて下の階を巡回する。するとまた、ロングが下の階へ降りて来る。グッパが始まる。それだけではなく、このネコは、興奮すると爪を出し入れしながらツッパリをかます。その位置は私の股間をめがけてくる。おかげで、私のズボンは穴だらけになった。後で判ったことだが、これは、雌ネコが子ネコにおっぱいを飲ませる時に必要な、動作

であるらしい。とにかく、動物共通の現象として、発情したメスを相手にすると切りが無い。このようにして、ロングは私の愛人じゃない愛猫、その名もニャーニャとなった。二人じゃなかった一人と一匹の隠微な愛の行為は続く、春の一日であった。

四、結構毛だらけ、ネコ抜け毛だらけ

晩春になって来た。私とニャーニャの愛の行為は、続いていた。巡回の途中で、階段の踊り場から二段目のステップに座ると、ニャーニャが横から膝の上に乗って、うずくまるようになった。体を横向け愛撫すると、相変わらずグッパをする。だが、そろそろ夏毛に生え変わる時期になって来た。冬毛が大量に抜け始めたのだ。人間のオスは年を経るに連れて、毛が抜ける一方なのに、動物界はうまく出来ていて毛が生え変わる。そのおかげで、巡回ごとに、私のズボンは毛だらけになる。人間のメスとの交尾でも、毛の処理には苦労するのだが、ネコの場合は、その比ではない。愛の行為の後始末、と言ってしまえば、それまでだが、厄介だ。手で払っただけでは、落ちるものではない。そこで、ガムテープを用意した。それでネコの毛をからめ取る。背広のほこりを取る時に使う、あの方法である。だが、一回では充分に取れない。二、三回分で、ようやく取ることが出来る。しかも、手早く行なわなければならない。一生懸命に作業している現場を、見咎められたくはないからである。かくして、私のズボンは又しても、試練を受けることになる。ニャーニャのツッパリで穴が空きほつれた繊維を、ガムテープが更に痛めるのである。おかげで、

私のズボンは惨憺たる有様となった。だが、替えズボンを会社には請求出来ない。そりゃそうでしょう？　替えズボンの請求理由が「ネコにツッパられまして」などとは言えないではないか！　しかもこのズボンは制服だから、他の物に穿き替えることが出来ない。かくして、ボロボロのズボンを、他人に気取られないように、内心びくびくしながら勤務に就く羽目とは相成った。自業自得とはいえ、情けない。トホホー！

ニャーニャの抜け毛対策に、新兵器が登場した。携帯用の小型ブラシを持って来たのである。このブラシで毛を梳いてやる。生え変わりで痒いのだろう、喜んで、私の膝の上に足を拡げて寝そべる。ニャーニャは、大抵左側から膝の上に登ってくる場合が多い。その場合、当然右側を向いて寝そべるのだが、私は右利きなので、勝手が悪い。そこは良く心得たもので、途中で膝の上で、左側に寝返りを打つ。「苦しゅうない、ブラッシングしてたもれ！」ってなもんである！　ニャーニャなどというロシア貴族風の名前にしたのが良くなかったのであろうか？　お姫様気取りで、ニャーニャは今日も寝そべっている。私のことを召使とでも、思っているかも知れない。これはヤバイことになって来た。

ブラッシングをすると、一塊ほどブラシに毛がこびり付く。何度梳いても同じだ。何日やっても同じだ。集めると、その内にフェルトの毛布が出来るのではないか、と思う程抜ける。そこまでは大袈裟でなくても、手袋くらいは出来る。当然、ブラッシングに時間が掛かる。退屈なので、ニャーニャに唄を歌ってやる。子守唄ならぬ、猫守り唄である。解り易いように、猫語で歌ってやるのだが、ニャーニャは不思議そうな顔をする。でも、背中の正中線をブラッシングしてやる

と、面白い事に反射的にシッポが左右に振れる。まるで、コンダクターが指揮棒を振るように。犬猫が、後ろ足で痒い所を掻いているのを、人間が手で掻いてやっても、後ろ足の動きは止まらない。あの動作と同じである。このようにして、私とニャーニャの音楽会は、今日も開催される。

五、エデンの園

稲荷族のなわばりは、南に向って、漢字の出の字に似た構造になっている。正確に書くと出であるが、面倒くさいので、出の字で代用する。出の部分に南北に通じる、通り抜け出来る通路に面した、鉄扉がある。この扉を開くと、直ぐに非常階段に繋がる。出の部分は、東西の大通りに面しているが、幅が狭いので、人間の子供でも出入出来ない。特に出の部分は、十cm程度の幅しかないので、ネコがやっと通れる位である。出の部分は袋小路になっているが、通風パイプや小さな穴が通じている様子である。そして、後で知るのであるが、出の部分に、彼女じゃなかった彼猫達の餌場がある（みとり図参照のこと）。誰がエサをあげているのかについては、改めて述べる。こんな複雑な構造になっているのは、それぞれ別のビルが隣り合い、その境界線の小路が、彼猫達の棲み家になっているからである。その小路に、不要品の洗濯機やサンダルの片割れやビニール袋などが散乱していたり、めったに使われない梯子の置き場などになっている。そしてあちこちに、エアコンの室外機や吹き出し口があり、何かのパイプが張り巡らされている。普通の人間は余程のことがない限り踏み込まず、外来のネコも侵入しづらく、隠れる場所が沢山あ

り、勝手を知った彼猫達には自由に駆け巡れる。ネコ達にとってこれ以上に恵まれた場所など望むべくもない、極上のなわばりと言うべきであろう。まさにネコの楽園そのものである。

彼猫達のなわばりは、地上部分と階段部分とに大きく二分される。地上部分はパラダイスであるからエデン、階段部分は上に向っているからバベルと呼ぶことにする。主にエデンを基盤にして暮らしているのがショート、バベルを開拓したのがニャーニャである。この違いが、大きく両者のその後の運命を左右することになる。例えて言えば、彼猫達はエデンの園に住むアダムとイブのようなもので、一方は地上を棲み家として、一方は新天地を求めて未開拓地へと分け入った。そこで私と出会った、という訳である。それならば、私は何に例えられるのか？　そう、彼猫達を守護し導く神である。私は何と重大な役割を担わされたことか！　なんちゃってね。

私の聖書の解釈では、神はエデンの園にアダムとイブを住まわせ、彼等が神の言いつけを守って従順に暮らしていれば、その子孫をカワイコカワイコして、永遠に祝福し、共に暮らす予定だったのだが、サタンのそそのかしによって、イブが禁断の木の実を食べてしまった事から、予定が狂ってしまった。その禁断の木の実とは、サタンとイブの禁断の関係、すなわち不倫であった。その不倫の子であるカインは、世界最初の殺人を犯してしまう。そして、彼らはエデンの園から追放されてしまう。その子孫が、我ら人間である。つまり、我らの中には、サタンのＤＮＡがしっかりと組み込まれているのだ。だから、人間は悪事を働く。それが、聖書が教える、人間の真実なのである。しからば、このエデンの園を舞台にした、私とニャーニャとショートの物語にも、悪役サタンが必要である。それでは後ほど、そのにっくき悪役に、ご登場願おう。乞うご

期待だニャー！

六、ミセスK参上！

我がなわばりのビルには、当然、掃除担当のおばさんがいる。それが、ミセスＫである。掃除のおばさんだからと言って、あなどる無かれ。こういう現場では、大抵掃除担当のおばさんが、一番の古株なのである。ご多聞に漏れず、我々のなわばり勤務の警備員三名よりも、ミセスＫの方が、ずっとベテランである。まあ、この現場のヌシみたいなものである。恐らく、若い時はそれ相応のカマトトであったに違いない。恐れ多いので、年齢不詳・容姿不問ということにしておこう！

私ミスターＧらとミセスＫとニャーニャとの、一番濃密な接点の時間帯といえば、面白いことに、午前六時半から八時頃までである。何故かと言えば、お互いの勤務時間・活動時間に関わりがある。私は午前六時に仮眠より起床、業者の台車が出入りする為、エレベーターを起動し、内部にカバー（養生という）を取り付ける。通路の鉄扉を開くと、その内側に大抵ニャーニャが待ち構えていて、挨拶代わりに背伸びしながら、ニャーとなく。姿勢からして、ついでにあくびをする。いかにも、それが可愛い。そして、六時半から、早朝の巡回に出発する。そこで待ち伏せしている、ニャーニャと落ち合い、乳繰り合うのである。グッパ！　八時過ぎには、次の勤務者に申し送り、引継ぎをし、勤務を交代し、帰宅するのである。

ミセスＫはと言えば、六時十五分過ぎに出勤し、なわばりの清掃に取り掛かる。手順通りに仕事を進め、通常は十一時前には仕事を完了して、帰宅する。他の関係者に煩わされることなく、三者が交流出来る時間帯は、したがって午前六時半から八時頃まで、となる訳である。何故このことがそんなに重要なのか？　重要なのである！　何故なら、ミセスＫは、ニャーニャの重要関係人だからである。

例によって、私とニャーニャが逢瀬を重ねて、階段を一階まで降りて来る。連絡通路との境の扉を開けると、ニャーニャは興味津々に扉の隙間から、通路の人通りを窺う。情にほだされた私は、ニャーニャとの余韻冷めやらず、むげに扉を閉める訳にもゆかず、ニャーニャに付き合って、通行人を眺める。つまり、扉の上と下とで、仲良く通行人を観察するのである。その様子を、通りかかったミセスＫが見て笑う。私とニャーニャのただならぬ関係が、バレバレになっているのである。当然の流れで、自然に猫に関する話題が、私とミセスＫの会話の端々に登場することとは相成った。或る時、ついにミセスＫが口を割った。私が「あの（ロングとショートの）二匹の猫は、エサには不自由していない様子だけど、誰がエサをやっているのかなあ？」と何気なく言った。ミセスＫはこちらの様子を探りつつ、口を開いた。「実は、私がエサをやってるのよ！」三階にある店のママが猫好きで、自宅で猫を飼っており、エサを提供するから、なわばりの猫にエサをやってくれ、と頼まれたらしい。西側の和尾族にまでは手が回らないので、東側の稲荷族の二匹にはエサをやっている、とのことであった。そう言えば、このママの店が入店したのと、和尾族毒殺事件があったのとは、同時期であったような気がする。トラブルを避ける為に、エサ

やりを外注に出したようである。当初は立体駐車場の管理員が、業務を請け負っていたが、三月末で駐車場が自動化・無人化したので、代わってミセスKがエサ係りに抜擢されたのが、事の真相であるようだ。

　これはただならぬ情勢になってきた。この事が会社にばれると、クビになってしまう可能性もある。危険な任務だ！　だが、いまさら任務放棄する訳にもいかないであろう。事実を知ってしまった限りは、二人して協力して、事に当たるしかない。こうして、私とミセスKとは、共通の秘密を共有するパートナー・同志となった。これ以後、ミセスKは、この物語で重要な役割を担うこととなるのだニャー！

七、迫り来るオスの影

　比較的閉鎖的とはいえ、エデンの園への侵入者が、全くない訳でもない。二匹のメスのニオイを嗅ぎ付けて、オスがそれなりに近づこうとはする。ある深夜の巡回中に、例によって一Ｆ通路の鉄扉を開けると、ニャーニャの様子がいつもと違う。警戒心一杯に、遠くを見やる。その視線の先には、一匹のネコが居た。稲荷族だがショートではない。どうやらオスらしい。そういえば、そろそろネコの発情期だ。ニャーニャがかどわかされないように、さらにグッパに励まざあなる♪メーメー、ビルの子猫♪。（『森のこやぎ』の替歌）

　もう一匹、危険人物じゃない、危険ネコ物が居る。和尾族だ。保安室の直ぐそばの非常階段、

地上から三、四段目辺りに、時々一匹のネコが寝転んで、睨みをきかせている。このネコが、またふてぶてしい目つきをしている。フテオと名付けておこう。ミセスKの話では、これがまた、札付きのオスで、近辺のメスを何匹も妊娠させているらしい。チョー危険ネコ物だそうだ（ネコがネコ物ならタコはタコ物か？）。トイレに行く途中に階段の横を通ると、たまにフテオが陣取っている。態度もふてぶてしい。足で蹴りを入れると、すんでのところで逃げる。やはり、ネコの運動神経には太刀打ち出来ない。不良の必須条件でもある。エデンの園周辺での、一番のサタン候補である。

　どうやらショートが妊娠しているらしいと、ミセスKから聞いた。どちらかというと、ミセスKはショート贔屓なのである。父親は稲荷族か和尾族か？　ニャーニャとは違って、ショートは私に体を触らせない。近寄るとすぐに逃げてしまう。エサを食べている時に、無理やりに触ると、「ニャー！」と言って怒る。そのくせ朝出会った時に、「ニャー！」と挨拶すると、「ニャー！」と答えてくれたりはする。礼儀は心得ているようだ。東階段の一階部分で、私が膝の上にニャーニャを乗せて撫でてやると、「なにようちの姉妹は！　人間に体を許すなんて、このフシダラ者め！」みたいな顔をして、シッと舌打ちする。人間の男より、ネコのオスの方が好みらしい。当たり前か！　ニャーニャの方が、変わっているんだな！　そのショートが妊娠した。次はニャーニャが狙われる。更にグッパに励み、ニャーニャを繋ぎ止めようとする、今日この頃であった。

　ある朝、仮眠から醒めて、顔を洗いに流し台に向かう時、二匹のネコが私の前を通り過ぎようとした。特に珍しい事ではないのだが、前を走っているのは和尾族、フテオだ！　後ろを走って

いるのは稲荷族。稲荷族？　もしかすると、ニャーニャではないのか？　似ている。が、確信はない。「お前はニャーニャ、じゃないのか？」と声を掛けると、立ち止まってこちらを見る。フテオが建物の角を曲がってせかせると、その後を付いて行こうとする。後を付いて角を曲がると、すぐそこに、立ち止まっていた。やはり、ニャーニャらしい。やがて、フテオの後を追って、走り始めた。しまった、腕ずくで阻止しておけば良かった。この様子からして、二匹はこれから、交尾へと向かうのであろう。

　ネコの交尾は、一般的な作法にのっとっているらしい。すなわち、オスとメスが追いかけっこをする。強いオスかどうかを、メスが見定める為だ。頃合を見計らって、メスが「もういいよ！」と尻尾を上げる。そこへオスが、後から挑みかかる。ニャーニャは変わったメスだから、一般的な作法には従わないのかと思いきや、やはり彼メスも、ネコであった。やはり人間がネコを恋人、いや恋ネコにするには無理が在った。さすれば、ネコの流儀に従って、挑戦してみるか？　コブだらけ擦り傷だらけになりながら、四本足で追っかけっこをするか？　むりやり尻尾を手で押し上げて、事に及んではいけない。それでは強姦になる。後背位で交尾せねばならない。決して正常位でしてはならない。それは人間界では正常であっても、動物界では変態である。そんな芸当が私には出来るか？　出来ない！　フテオに負けた！　落胆して涙にくれる私であった。

八、出産

ニャーニャは妊娠し、出産の日が迫って来た。六月半ばの夕方、いよいよ切迫して来たようなので、注意していると、一階と二階の間の踊り場の外に置いてあった、鉄材の下のチューブ状の場所に、子ネコを生み落とした。暗いのでサーチライトで照らしてみると、三匹生れているようであった。暗い場所で目立たないところを見ると、三匹とも和尾族のようである。三匹の中の一匹は早くして死んでしまったようだが、残りの二匹は順調に育っていった。三ヶ月たった時点で、大柄な方をニャニャコ、小柄な方をニャニャヒメと命名した。二匹ともメスであったのだ。このニャニャヒメが本書のヒロインなので、彼女じゃなかった彼雌について、これからお話しよう。

九、箱入りニャニャヒメ

ニャニャヒメには、どうしてもひ弱なイメージが付きまとっていた。まず、子ネコがよく患う幼児性眼病にかかった。目やにが多く出て、放って置くと眼が塞がってしまう病気である。ネコは水で顔を洗わないので、本ネコが処置するのは不可能である。親ネコのニャーニャが時々舐めてやるのだが、子ネコが何匹もいると、うまく手がまわらない。っていうか、舌がまわらないと言うべきカナ。悪化すると、失明に至ってしまうかも知れない。野良猫にとって、眼が不自由なのは、まさに致命的である。そこで、私やミセスKの出番となる。ここでは連携プレイが必要だ。

ホウ酸を溶かした液で、目の周りにこびり付いた目ヤニを拭いてやり、目薬を点眼する。もちろん当ネコは嫌がるので、二人で手分けして、一人がヒメを抱きかかえ、もう一人が処置するのである。何処の世界にここまで親切にしてやるオジサン・オバサンが、居るであろうか？　まるで、召使にかしずかれたお姫様のようではないか？　まさにニャニャヒメなのである。

　そのニャニャヒメが、今度は風邪を引いた。中央大通りの奥、以前にニャーニャの母親の死体が在った辺りで、しんどそうにうずくまっている。ニャーニャが心配そうに、様子を見に行くが、反応が鈍い。こちらも心配なので、タウンページで近くの動物病院を調べて、電話した。ネコによくある、いわゆるネコ風邪というもので、抗生物質を飲ませると治るが、いずれ又引くらしい。抗生物質だけを処方することも可能だが、出来れば患者を連れて来てくれ、とのことだった。ちょうど給料日の直後だったので、翌日連れて行くことにした。夜勤明けであったので、まず銀行で給料を下ろし、家に戻ってニャニャヒメ拉致用のダンボール箱とかん袋を用意して、エデンの園に向った。ところがギッチョンチョン、青天の霹靂と言おうか、晴天の豪雨、いわゆるゲリラ豪雨が襲ってきたのであった。ターゲットのニャニャヒメは物陰に隠れたらしく、影も形も見えない。ニャーニャは見かけたが、見慣れない服装だったので、私を見分けることが出来ず、私を見かけると一目散に逃げ去ってしまった。後には、ずぶ濡れになった私だけがその場に取り残された。風邪を引いたニャニャヒメを救出するどころか、こちらが風邪を引いてしまいそうである。こうして姫盗り作戦は大失敗に終わった。気を取り直して再度挑戦しようとしばらく様子を見ているうちに、ニャニャヒメの風邪は治り、元気になってしまった。人騒がせなニャ

ニャヒメであった。ひ弱そうに見えて、存外このタマはふてぶてしい。なにせフテオの子供なのだから。

　このニャニャヒメがまた寒がり屋である。一般的に〝ネコはコタツで丸くなる〟ようなイメージが在るが、ニャニャヒメはそれに輪をかけて、寒がり屋である。季節は秋から初冬に移ろうとしていた。中央大通りの奥の、以前うずくまっていた場所辺りに、うまい具合にエアコンの吹き出し口がある。そこから暖かい風が吹き出すので、ニャニャヒメはその場所にうずくまって、離れようとしない。エサを食堂で用意してやっても、なかなか出て来ようとはしなくなった。抱きかかえて連れ出そうにも、ちょうどこの場所から先が地上から五十cm程上からビルがせり出して、狭くなっている。従って人間が立って侵入出来ないような構造になっている。仕方が無いので、ちょうどニャニャヒメが入る位の、発泡スチロールの箱を用意した。ダンボールより断熱効果がある。温風の吹き出し口近くに差し出すと、うまい具合に中に入ってくれた。その発泡スチロールの箱を、手を伸ばして引っ張り出す。こうしてニャニャヒメは、食事場所へと輿に乗って移動するのである。食事が終わると、また箱に入って元の場所へと帰って行く。路地が狭いので、ちょうど、うやうやしくお盆をささげた召使のような格好を余儀なくされることとなる。何たる待遇、何たる屈辱、何たるざまであろうか！　だが、そんなことを我々にさせても憎めないキャラクター、放っては置けない人徳じゃないネコ徳を持っているのが、ニャニャヒメなのである。文字通りに箱入り娘の、ニャニャヒメなのであった。

十、子ネコ越冬大作戦

試練の冬がやって来た。一年目のネコ達にとって、冬場をどう乗り越えるかが、その後の人生、じゃなかったネコ生の分かれ道になるのだ。だが、普通の野良ネコとは違うカマトトネコ達には、そんなことへノカッパだった。なにせ、私とミセスKという強力な守護神が、後に控えているのだから。私もミセスKもブルーの制服を着ているので、ネコ達はブルー族のつがいが自分達にかしずいて、世話をしてくれていると思っているのかも知れなかった。ともあれ、カマトトネコ達の越冬作戦が発動されたのである。

作戦その一。寒い時は抱き合って寝るのが、基本である。一匹だけだと体温が奪われてしまうけれども、二匹が抱き合うと温かい。コミュニケーションも図れる。特に、ネコは人間より体温が高いので、抱き合うのが効果的である。ショートとロングも、比較的風除けされた柵の中で、抱き合っていた。ネコが必ず複数の子ネコを産むのには、それなりの理由が在ってのことのようである。ニヤニヤコとニヤニヤヒメにも、これが適用できる。だが、それだけでは作戦にならない。そこでネコ小屋の登場である。ネコ小屋と言っても、普通のダンボール箱に過ぎない。少し違うのは、開き口が縦方向にあるということである。それを横にして使う。つまり、出入口が狭く閉じられるようになっているから、保温効果が非常に良いということになる。これはミセスKのアイデアだ。

作戦その二。湯たんぽをスーパーで買って来た。当然、人間用の物である。これが凄く温かい。

お湯を入れた直後だと、熱い位である。だが、これには難点がある。冷めるのが早いのである。人間なら布団の中に入れるので、明け方まで充分温かさが持続出来るのだが、布団を被らないネコ達には適用出来ない。温かい時と冷めた時の落差が大きいのが、難点である。明け方の、一番寒い時に効果が無いのである。それに私の勤務日以外には、適用出来ない。湯沸しポットは、保安室にしかないのである。温かいが冷めやすく毎日適用出来ないよりは、そんなには温かくなくても、温かさが持続して毎日使える物の方が良いのではないか？　そこで途中から、使い捨てカイロをネコ小屋に入れてやるようにした。

　作戦その三。三匹の中で特に寒がりなのは、言うまでも無くニャニャヒメである。そこで、ニャニャヒメ保護特別プログラムを発動した。このプログラムは、毎日発動出来るものではない。私の勤務日のみに適用する。別名子ネコ連れ込み秘密作戦、会社にばれるとクビになってしまう、まことに危険な隠密作戦である。二十四時間勤務中の適当な時間帯、大抵が深夜から明け方にかけての気温が下がる時間帯に、ニャニャヒメを拉致して、保安室で過ごさせるのである。ニャニャヒメはニャニャコと違って、人への依存心が高いので、この作戦が理に叶っている。保安室の中は快適な温かさであり、ベッドは万年床である。来訪者があっても、出入口附近で用が足り中に入って来なければ、仕事に支障をきたす事もない。第一、この仕事は基本的に暇なのである。何とかなるだろう。エーイままよ、パパよ！　乾坤一擲、作戦を実行した。ニャニャヒメが喜んだのは言うまでも無い。ニャニャコもネコ小屋に居る限り、ご機嫌であった。ニャーニャは子ネコとは別に、バベル地区で過ごしたり、隣の高層ビル附近へ遠征に出かけたりする。この近辺で

の冬の過ごし方についていては慣れているので、心配ない。朝、ニャニャヒメを抱いてエデンに返しに行くと、「この子はまたお泊りだったのね！」みたいな顔をして、当然のようにして迎えることが多くなった。ニャニャヒメも回を重ねる毎に慣れて来て、テーブルの上・モニター台の上・畳んだ掛け布団の上など何ヶ所かお気に入りの場所を確保して、渡り歩いて過ごす。私の仮眠中には一緒にベッドの上で寝る。ただ、例によってニャニャヒメが風邪をこじらせた時に保安室で過ごした夜は悲惨であった。体がしんどいからであろうか、いつもより余計に私にまとわりつくニャニャヒメは、仮眠に付いた私の胸に這い上がって来る。「クシャミするなよ！」と警告する私の言葉など無視して、上着を登りきった場所で遂にクシャミをやらかした。おかげで私の上着はニャニャヒメの鼻水でコテコテになってしまった。起床後から引き継ぎ直前の時間帯などは、ベッドの上の畳んだ毛布の上で、あごを突き出して眠り呆けている。全く警戒心が無い。後で気が付くのだが、このポーズはニャーニャがリラックスして眠っている時のポーズそのもの、つまり親譲りのポーズである。半飼い猫状態のカマトトネコ達の中でも、ニャニャヒメは最も飼い猫に近い性質を持っている、と言えるかも知れない。順調な作戦の成果に大胆になった私は、更に高度な作戦を実行することになった。だが、その事が思わぬ大事件を引き起こすこととなった。その顛末については、次回詳しくお話することにしましょう。楽しみだニャー！

十一、子ネコのフン返し

　上々の成果に自信を深めた私は、更に大胆な行動に打って出た。今まではニャニャヒメ一匹だったのを、ニャニャコをも保安室に連れ込んでしまおう、というのだ。ヒメ一匹だと比較的簡単なのだが、ニャニャコとなると、連れ込むのに手間がかかる。第一、図体がでかい。ニャニャヒメの一・五倍は大きさがある。体重比だと二倍いってるかも知れない。もはやニャーニャに匹敵、あるいは凌駕する体格なのである。それに比例して、食べる量も多い。その巨漢を引っ張り込もうというのだ。だが、保安室に運ぶのは比較的簡単だ。ネコ小屋を利用するのだ。ニャニャコは、ネコ小屋に入り浸っている。そこへニャニャヒメを押し込んで、箱ごと運べばいいのだ。いかに巨漢とはいえ、たかだか生れて半年位の子ネコである。片手で持ち運べる位の、重さである。次は食料である。調達は簡単だ。保安室のそばの物置に、スポンサーから提供された缶詰が、備蓄してある。それを、その都度必要なだけ運び込んで、子ネコ達に供すれば良いのである。時々なわばりに戻せば、適当に用も足すであろう。なわばりと保安室は、十m程度しか離れていない。計画は立てた。日曜日の、来訪者のほとんど無い勤務日に決行することにした。いよいよ大作戦の実行である。

　ある勤務日の日曜日、計画は実行に移された。その日は特に暇で、来訪者とてほとんどなかった。大胆になっていた私は、まだ日が暮れる前から二匹を箱に入れ、空飛ぶ箱舟よろしく、保安室へと移動させた。ニャニャコは、見慣れぬ部屋の様子にけげんそうに辺りを見回していたが、

ニャニャヒメの方は勝手知ったる他人の家よろしく、悠然としていた。やがて、二匹して室内の探索が始まった。これは想定内の行動であったので、別に気にも止めず、私は勤務を続けた。昼食時には、二匹をなわばりに戻し、食事を提供した。このようにして、私とネコ二匹の三Ｐデイトは、順調に過ぎていった。余りの順調さに更に大胆に面倒くさくなった私は、夕食・夜食は部屋食とした。仮眠も時間を前倒しして、寝床に就いた。これは、日曜日には毎度の事であった。アララト山ならぬベッドの上に着陸していたネコ小屋を床に下ろし、敷き布団を敷いて仮眠に入った。二匹はそれぞれ思い思いに、或る時は私の顔のそばに、又或る時は私の足下に、そして或る時は片目の和尾族として、私とともに仮眠を取った。しかしてその正体はバケネコではなく、ただの子ネコであった。変わった事と言えば、替えたてのシーツに、あぶら手のニャニャコの足型がくっきり刻印されてしまった事である。大慌てで、私がハイターをかけて消そうとしたら、下の布団の模様まで取れてしまって、見事にシーツに移り込んでしまった。朝出勤して来たミセスＫの「そのままにしてたら誰も気が付けへんわ」という言葉で一安心。後は一、二度ニャニャコがベッドの下に潜り込んでいたのを、ニャニャヒメが外から覗き込んでいた位であった。こうして大作戦はつつがなく終了し、ミッションを終えた私は、仕事を無事引き継ぎ、ミセスＫにも成功を報告し、家路に就いたのであった。満足感で一杯であった。作戦は大成功であった、と思っていた。だが、既に大事件は起こってしまっていたのであった。

　私が事件を知ったのは、次の勤務日に出勤した時のことであった。保安室に向かう通路の入口で、ミセスＫが私が出勤するのを待ち伏せし、知らせてくれた。「おとといから保安室の中が臭

い臭いいうことで調べたら、ベッドの下でネコがフンをしてたんやて！」「そしたらこの前ネコを連れ込んだ時、様子がおかしかった事があったから、ネコがやったんやなあ！」「そやから私が『そんなら流しの附近をうろついてるあのネコが、隙を見て部屋の中に侵入して、したんやわ』言うといたよ」「成る程、その方が辻褄が合いますなあ！」警備員三人のうち、私が一番大きくドアを開いていることが多いし、勤務日の関係から私が席を外している間に、和尾族が侵入しフンをしたらしいと、何の異論もなくそう決まってしまった。とんだフン族の侵入ならぬ、和尾族の侵入である。返す返すも、無実の罪を着せられた和尾族には気の毒なことではあった。ともあれ、事件はうまく隠蔽された。後は野となれ山となれ、である。こうして、大作戦はわずか一回だけで終了した。この事件に懲りたこともあるのだが、私のこの勤務地での勤務が終了し、現場を異動する事が決まったことが、主要動機なのであった。

十二、運命の転換点

私の配置転換が突然決まった。表面上の理由は、もう三年近く同じ現場に居るので、そろそろ現場を変わる方が善い、というものであった。だが、実は本当の理由が在る。要するに、私がテナントの一つのママと喧嘩したからである。こちらとしては正当な理由が在るので、喧嘩になったのであるが、こんな場合はこちらの分が悪い。というより、正当な理由が在るから仕事を首にならずに配置転換で済んだ、と言った方が正確であろう。でも、そんなことをグダグダ述べるの

は、この小説の趣旨に反する。ところが、この事がカマトトネコ達に、少なからず関係がある。どう関係があるのかと言うと、私が喧嘩した相手が、以前少しだけ登場したアンチネコ派のママだったからである。女店員だと思ったのが、実は若いママであったのである。若いだけに余計に鼻っ柱が強い。更に間《マン》の悪いことには、このアンチネコ派のママの店は、スポンサーのママの店と隣同士なのである。なぜミセスKがカマトトネコ達にエサをやる係を代行しているのかが、飲み込めて頂けたであろう。私が親ネコ派の急先鋒であることが発覚してしまえば、カマトトネコ達に重大な危害が及ぶ可能性さえ出て来るのである。私自身もズボンの件や連れ込みの件もあるし、公私混同がばれてしまえば配置転換だけでは済まない。ここはこの人事をチャンスと捉えて、別の角度からネコ達を支援した方が善い。つまり、勝手を知った人物がネコ達に対するフリーハンドを得たことになるのである。十二月中旬過ぎが次の勤務地への移動日と決まった。そこで、それまでに是非ともしておかなければならないことがあった。カマトトネコ達への記念セレモニーである。

　セレモニーその一。本当なら、新年を仕事場でネコ達と迎えたかった。それが不可能になった。代わりの方策として、一月《ひとつき》早く十二月をカウントダウンで迎える事を企画した。十一月三十日から十二月一日に跨がっての勤務があったからである。十一月三十日はちょうど日曜日であったので、店舗の営業は無かった。したがって、巡回は無人のビルの非常階段とエレベーターホールを回ることになる。だが、無人ではあっても、人以外の生き物は居る。そう、ニャーニャである。深夜の巡回時間のスタートを二十三時三十分頃に設定した。こうすると、日付が変わる直前

に、ニャーニャとバベルで逢引き出来るのである。案の定、四階附近の階段で出逢うことが出来た。そのニャーニャを三階のエレベーターホール迄誘導する。ニャーニャはけげんそうに警戒して、なかなか入って来ない。鉄扉で遮られていて、普段はめったに入れない場所だからである。この場所に彼ネコを招じ入れたのには、訳がある。戸外の寒い階段ではなく、温かいエレベーターホールで抱き合いたかったのである。非常階段の鉄扉からさほど離れていない場所に、スポンサーのお店がある。エレベーターホールから路地を入ったその店に繋がる廊下が、エレベーターホールより一段高くなっている。その段差の部分にニャーニャをおびき寄せ、膝の上に抱き上げる。時刻は午前零時前、そう、ここで十一月から十二月への変わり目を恋人同士のように、ニャーニャを抱き締めてカウントダウンするのだ。いよいよ日付が変わる。ニャーニャ、来年もよろしくね！　幸せに暮らしてくれ！　勤務地が変わっても、必ず会いに来るから！　勿論ニャーニャには私の言葉が解るはずもなく、ただ膝の上でうずくまっているだけであった。

セレモニーその二。十二月中旬過ぎてニャニャコ・ニャニャヒメが生れて六ヶ月を迎える。誕生日ではないが、無事半年が過ぎたお祝いをしてやることにした。ネコ好きが集まる自宅の近所の居酒屋Kのママのアドバイスにより、アジの刺身とニャニャヒメの好物のネギトロのネギ抜き、要するにマグロのすり身、鳥のささ身の湯通しを持参してエデンへと向かった。ところが、こういう旨い物には鼻が利くニャーニャがアジの刺身を一切れ口に入れると、途端に表情が変った。「こういう美味しい物は、私一匹で食べるのよ！」とでもいうように、子ネコそっちのけで、アジの刺身のほとんどと、鳥のささ身の全てを食べ尽くしてしまった。カマトトネコがグルメのカ

マトトネコ、略してグルカマ女王に変身した瞬間であった。これ以後カマトトネコの物語は、グルカマネコの物語へと変身する。運命の転換点であった。

十三、ダブル出産

　私とミセスＫの手厚い援助と、居酒屋Ｋのアドバイスとが相まって、グルカマ一家は寒い冬を楽々乗り切った。冬を乗り切ると、次は発情と出産の季節である。ニャーニャもニャニャコもニャニャヒメもメスであるから、いずれ発情・出産は避けられない。だが、保護者として願うのは、せめて少なく生んで丈夫に育ててほしい、ということである。ニャニャコは既にニャーニャを上回る体格をしていた。ミセスＫからの情報で、ニャニャコのおなかが大きいらしいことは三月の時点で既にキャット、じゃなかったキャッチしていた。気がかりなのは、ネコ小屋に同居しているニャニャヒメが、ニャニャコ出産後にどんな立場に置かれるのか、である。ニャニャヒメには妊娠の兆候は無かった。だから、ネコ小屋の中で肩身の狭い思いをしないか、ネコ小屋を追い出されたりしないかが、ニャニャヒメ贔屓の私の心配であった。だが、ニャニャコ、ニャニャヒメのネコ小屋はエデンのプロムナードの奥、エサ場の直ぐ近くに在ったので、様子の変化は直ぐわかる。問題はむしろニャーニャの方であった。

　ニャーニャは、地上のエデンをニャニャコとニャニャヒメに譲り、自らは地盤のバベルの、主に三Ｆのベランダの一番奥に陣取っていた。この場所は、すこぶる好位置なのだ。直下の一Ｆは

エサ場、ベランダの入口は階段の三Ｆの踊り場に直結していた。つまり、二匹の我が子を真上から監視し、階段を降りてくる私を待ち伏せ出来る。これ以上は無い絶好の位置に陣取っている訳である。私が三Ｆの踊り場からベランダへのパイプ扉を開けると、一番奥のダンボール箱の中から飛び出して来る場合もあるが、留守である場合も多い。何はともあれ、私が差し入れを持ってなわばりにやって来た場合、定位置から見渡せるので、直ぐにエサ場に飛んで来る。来ない場合はなわばりを留守にしている、ということになる。ある時、いつものように私は階段を巡回で降りて来た。その日は、一旦保安室に帰ってから、バベルにとって返す積りで先を急いでいた。そこを目ざといニャーニャに見つかってしまった。三Ｆのベランダの奥から鳴き声付きのシルエットが迫って来る光景は、ゴシックホラーのように迫力があった。どちらにせよ、ニャニャコ・ニャニャヒメは常にプロムナードに居るので、私は仕事やプライベートの合間を縫って、なわばりに足繁くかようこととはなった。

　四月初めの或る日、朝、エサをやろうとプロムナードにやって来ると、ネコ小屋の中に子ネコが居た。ニャニャコの子供である。そばにニャニャコもニャニャヒメも居た。和尾族と黒族の二匹の子ネコと、ニャニャコ・ニャニャヒメが、仲良くネコ小屋の中に同居していた。ニャニャヒメが孤立するのではないかという心配は、どうやら取り越し苦労のようであった。二匹の子ネコは母ネコのニャニャコと姑のニャーニャと小姑のニャニャヒメに見守られて、順調に育ってほしいと思った。ところで、そのニャーニャはどうしているのだろう？　三Ｆのベランダに行ってみた。留守なのかと思いきや、奥のダンボールの中にニャーニャは居た。だが、箱から出て来ない。

箱の中にうずくまったニャーニャの蔭に何か居る。そっとニャーニャを押しのけて覗くと、子ネコが居た。二匹居た。ニャーニャの二度目の子供である。二匹とも稲荷族であった。和尾族でなくてホッとした。あのにっくきフテオに似た子ネコは見たくなかった。今度の父親はフテオではないのかも知れない。去年の秋頃、なわばりで二度私はフテオを目撃していた。そのうちの一度は、一触即発の状態であった。その顛末はこうだ。

或る日、ニャーニャの様子がおかしい。エサ場を離れて何処かへ行こうとしている。後を付いて行くと、中央大通りから分かれた狭い路地に入って行く。カニ歩きをして後を追うと、角を曲がって袋小路に入って行く。そこでばったり、フテオと出くわした。ただならぬ殺気があたりを支配した。私は地面から小石を拾い上げると、フテオとの距離をジリジリ詰めた。ほんの〇・一秒の差で私の投げた石を避け切ったフテオが、私の差し出した手をかいくぐって逃げ去った。私は本気で石をフテオに当てようとして投げたのだ。私は嫉妬心に燃えていた。この小路がこれからこれらの子ネコの子育ての中心場所になり、お袋小路と呼ばれることになるとは、皮肉なものだ。ともあれ、こうして私はニャニャコとニャーニャのダブル出産に遭遇することとなった。早速居酒屋Ｋのモトカママに報告すると、言われた。「そう、良かったわね。これで、あなたもおじいさんよ！」そうか、そういうことか！　トホホのホー！

十四、エデンの一番長い日

私は以前にも増して、勤務の合間を縫って、エデンに日参することとなった。三階のベランダに行けば、確実にニャーニャに会うことが出来るし、携帯電話のカメラで幼い子ネコ達を写真に収めることが出来る。ニャーニャが食事でダンボールの小屋を留守にしている間に、子ネコを膝の上に抱きかかえて、撫でてやることも出来る。ニャーニャが戻って来ても、別にとがめだてしない。子ネコをダンボールに戻してやると、何事もなく再び子ネコを抱いて、うずくまる。私を信頼し切っているようだ。ニャーニャの子ネコは、全く見分けが付かない程瓜二つのだんご鼻であった。膝の上に乗せても、私とニャーニャとの区別がまだ付けられないようだった。こうして、あっという間に十日がたった。私はそのうち五日間、エデンを訪問した。そして四月の丁度半ばになっていた。

その日は二十四時間勤務の明けの日であったので、南の勤務地から地下鉄で東梅田に出、エデンに寄ってから、自宅に帰る予定であった。子ネコ達の無事を確認してから、家に帰って一眠りする筈であった。ところが、予期せぬ出来事が起こり、食事をしたり用足しをしたりしてエデンを離れたもののまた出戻り、都合三回、合計数時間、夕方までエデンで過ごす羽目になった。正に私のエデンでの最も長い一日になってしまったのだ。

その日、私がエデンに着いたのは、午前十時過ぎ。直ぐに三階に上がり、ニャーニャと子ネコの無事を確認、子ネコを膝に乗せ記念撮影を済ませ、一階のプロムナードに下りる。一階のエサ

場前には、ニャニャコとニャニャヒメがたむろしており、ネコ小屋では子ネコが寝ていた。私はエサ場前の敷石に座り、子ネコを膝の上に乗せて、同じように携帯で写真を撮った。ニャーニャの子ネコもうっすらと目が開いていたが、こちらの子ネコ達は更にはっきりと目が開いていた。ニャニャコとニャニャヒメは、私にはお構いなく、二匹でじゃれ合っていた。事件が起こったのは、その直後であった。今迄聞いたことの無いネコの唸り声が、聞こえた。それはニャーニャの唸り声であった。上から一階に降りて来て、ニャニャコ・ニャニャヒメを威嚇した後、私の膝の上の子ネコを一匹くわえ、連れ去った。呆然とする我々を尻目に、再び戻ったニャーニャは、私の膝の上のもう一匹もくわえ、連れ去った。これが事件の始まりであった。

どうやらニャーニャは、ニャニャコとニャニャヒメの子ネコに対する対応が気に食わなかったらしい。子育てに慣れきった母親であるならいざ知らず、初産の母親とやがて自らも母親になるべき雌ネコが、子ネコをほったらかして、遊びほうけるとは何事か！　子ネコに事故でもあったら、どうするのか？　現に直ぐ近くに人間がいて、子ネコを膝の上に乗せているではないか！猫にあるまじき、行為なのだ！　いかにあの人が我々の保護者だといえども、許せない！　私はいいの、あの人の恋ネコだから。貴方達は違うでしょう？　子ネコの面倒を見れないのなら、私が四匹とも引き取って面倒みます。あなたたちには任せて置けないわ！　三階へ連れて行って育てます！ってなことであるらしい。

この十日間の様子を見ると、ニャニャコは子育てが苦手、であるようだ。オッパイが余り上手く出ないからお乳を余りやらないのか、お乳を余りやらないからオッパイが余り上手く出ないの

か、余り熱心にオッパイをやっている風には見えない。でも、我が子には違いないので、直ぐに子ネコを取り返しに行くのかと思いきや、その気配が全然無い。親子喧嘩でも始まろうものなら、仲裁に入らねばならないと思っていたのに、拍子抜けであった。

状況が進展しないので、私は食事に行ったり用事を済ませる為に中座し、午後三時前に再びエデンに戻って来た。三階に上がると、ニャーニャはずっと以前から四匹とも自分の実の子として育てていたかの如く、分け隔て無くこまめにオッパイを飲ませたり毛づくろいをしたりしていた。私はその横にあぐらをかいて座り、ブラシでニャーニャの毛をとかしてやったり、ネコ達の様子を携帯のカメラで撮影したりした。今日はこのままの状態で終わり、進展は無いのかと思われた。

事態が動いたのは、午後五時半を過ぎた時であった。三階のダンボール小屋のニャーニャの元へ、ニャニャコがやって来た。ニャーニャに詫びを入れ、子ネコ達を返して貰いにやって来たらしい。さっきまであれだけ甲斐甲斐しく子ネコの世話をしていたニャーニャが、簡単にそれを許す筈が無い、と思われた。案の定、ニャーニャはニャニャコの喉元に噛み付く仕草を見せた。「私は本気よ」と示そうとしているらしい。一挙に緊張に包まれた。私は慌ててニャニャコの喉元からニャーニャの口を離させて、両者を分けた。これは厄介なことになった。事態が一段落するまで、これでは帰れない。とっさの判断で、私はある行動に出た。

私は以前からニャーニャのダンボール箱のそばに、別のダンボール箱を一階から持って上がっていた。これはミセスKと相談して、そうしていたのだ。というのは、ニャーニャのダンボール箱は二階の店が予備のワイングラスを保管していた物であったからである。つまりニャーニャは、

数十cm立方の大きなダンボール箱に、一個一個のワイングラスを小分けして梱包したダンボールが数十個詰め込まれていた物を、子育ての本拠地にしていたのである。ニャーニャと子ネコの周りには、むき出しになったワイングラスやダンボールのくずが散乱していることになる。店の人に見つかりでもすれば、一悶着必至の危ない状況なのである。それに、子育て中の動物ほど危険なものは無い。トラブルになると、ただでは済まないかも知れない。何とかニャーニャに円滑に場所を移動させたかった。そこで、ニャーニャの巣の直ぐそばに別のダンボール箱を置いて慣れさせ、徐々にそこに一家を引越しさせて、そのダンボールの巣を安全な場所へと移動出来ないか？　兎に角、試みてみようとしていたのだ。従って、三十cm×五十cm位のダンボール箱がそこに用意されていた。これを利用しようと、とっさに思いついたのだ。

　私は小さなダンボール箱の方に、ニャニャコとその子ネコを入れてみた。つまり、ニャーニャ一家とニャニャコ一家を分離して、隣同士に住まわせたのである。そして、ニャーニャを刺激しないように、ニャニャコのダンボール箱の上に覆いを掛けた。取りあえず、これで様子を見よう。一晩たてば、状況も落ち着くかも知れない。だが、まだ手当てしなければならないことがある。ニャニャヒメの処遇である。

　三階のベランダから一階のエサ場を覗き込むと、ニャニャヒメが一匹取り残されて、戸惑っていた。皆何処へ行ってしまったのかしら、という感じであった。私は一階に降り、ニャニャヒメを抱き上げた。ニャーニャ・ニャニャコは私に抱かれるのを嫌がるが、ニャニャヒメは私に抱かれ慣れていた。いつも保安室に連れ込む為に抱き上げていたから。だが、今回は勝手が違う。連

れて行かれる方向が違う。鉄扉の向こうの保安室ではなく、階段を私が上り始めたからである。そう、三階のベランダにニャニャヒメを連れて行き、仲間に加えようとしたのだ。つまりニャーニャとニャニャコの子ネコグループとニャニャヒメを加えた二グループを三階のベランダに集結させたかったのだ。それとは知らないニャニャヒメは、私が階段を上り始めたので、腕から降りようとした。「大丈夫やで！」と私はニャニャヒメをなだめる。二階から更に階段を上がろうとすると、ヒメはまた腕から降りようとする。「大丈夫、大丈夫！」と何とかなだめすかして、三階のベランダの入口でようやくヒメを降ろす。目の前の光景を見て、ヒメは一瞬立ち尽くした。自分以外の一家が全てそこに集結していたのだから。気を取り直して、ヒメはニャーニャのダンボールに近づいて行った。私の知る限り、ヒメが三階に上がったのは、これが初めてであった。ほんの短時間だけ、ニャニャコとニャニャヒメがダンボール箱の外から、箱の中のニャーニャに向き合う瞬間があった。はた目から見ると、二匹してニャーニャに許しを請う姿勢に見えなくも無かった。だが私の意に反して、やがてニャニャヒメは、その場から居なくなった。

時刻は午後六時を過ぎた。一匹になったニャニャコが行動した。何とニャーニャのダンボール箱の中に、単独で入り込んだのだ。やがて二匹は、互いに毛づくろいを始めた。これで手打ちじゃなかった足打ちにしよう、ということらしい。その時、真下からネコの鳴き声が聞こえた。真下の二階のベランダから、滅多に鳴かないヒメが鳴いているに、違いなかった。直ぐに私は二階に降りた。二階のベランダ入口に、ヒメが居た。私はヒメを抱き上げて、踊り場から二段目の階段に腰かけた。ニャーニャを抱く時と同じように。するとヒメは私の左手を噛んだ。ヒメは

じゃれた時、よく私の手に噛み付いていたのだ。勿論柔らかく。だが、その時は違った。本気で私の左の親指に牙を突き立てた。「痛い！」ヒメを離して、指を見た。みるみる血が滲んで来た。今でもその部分をピンポイントで爪で押さえると、噛まれた部分が特定出来る。その指の痛さは、ヒメの心の痛みであった。ヒメご免ね。そんな積りじゃなかったんだ！　ニャーニャとニャニャコの仲を何とかしたいと動いたので、君を傷つける積りじゃなかったんだ！　ヒメはナイーブな子だね！　それが君の良い所だ！　じゃ、僕はこれで帰るよ。出来るだけのことはした積りだ。後は当事者同士で解決してくれ。明日又来るよ！　そして、私は家路に就いた。ようやく、長い長い一日が終わろうとしていた。

十五、運命の子、ニャニャミ

子ネコ達は段々動きが活発になって来た。人が居ない時は、路地奥からプロムナードに出て来ているようだが、人影が見えると、直ぐに逃げる。人間に対する警戒心は、刷り込みが既に完了している様子である。これから、子ネコ達をニャニャコ・ニャニャヒメのように手なずけるのは、かなり困難であろう。セックスチェックも出来ない。だが、そろそろ名前を考えてやりたい。候補だけでも考えておこう。ニャーニャの子は、オスならニャニャエモン、メスならニャニャミ、ニャニャコの子の和尾族は、オスならニャンタ・ニャンキチ、メスならニャンニャン、もう一匹の黒猫は、オス・メス関係なくニャンクロ、としておく。四匹は、大抵同一行動を取るが、一匹

だけ時々別行動を取る子ネコが居た。ニャーニャの子の一匹である。この子がニャニャミなのである。

六月に入った。ニャニャミが他の子ネコとは別行動を取りがちなのには、訳がありそうであった。どうやら、眼の調子が良くないようである。五日・六日とエデンを夕方訪問すると、他の子ネコは私を見つけると、逃げてしまうのだが、ニャニャミは逃げ遅れて、結局ニャーニャのそばに取り残される。ニャニャコと同じように、いずれ医者に診せなくてはならない。だが、もう少し待ってほしい。十一日になるとかの定額給付金が入って来る予定なのだ。そうすれば、心置きなく医者に診せられる。それまでに、直ぐ医者に連れて行けるように手なずけておく必要がある。さいわいニャニャミは、他の子ネコ達と違って私に慣れてくれた。七日は日曜日だったので、鉄扉が閉められてしまうので、エデンには入れない。八日にエデンに行くと、ニャニャミの様子がかなり悪い。両眼が殆ど塞がってしまっている。プロムナードに取り残されて、一匹だけでうずくまっていた。膝の上に抱き上げて撫でてやると、グッパをする。親譲りの愛らしい仕草である。一時間以上膝の上で撫でてやった。心配だから明日も来よう。そして運命の六月九日がやって来た。

六月九日、スーパーで買った魚を携えてエデンを訪問した。子ネコ達は逃げてしまうので、新食堂でニャーニャとニャニャコにえさを与えた。ふと見ると、そのそばのごみ溜めに、ニャニャミが声も無くうずくまっていた。気配がまったくなかったので、気づかなかったのだ。見ると、両眼が殆ど塞がっている。特に左眼はヤバイ。直ぐに私はニャニャミを抱え上げ、エデンから連

れ出した。する事は唯一つ、医者へニャニャミを連れて行く事。それ以外は何も考えなかった。一年前にニャニャヒメを連れていく為にあらかじめ場所を確認していた、中崎町の動物病院へと向かった。ニャニャミが安心するように時々時々声を掛けながら、目的地に向かった。ニャニャミは大人しく私の腕の中でじっとしていた。通勤していた時は、自宅から梅田の地下街を経由して、最短距離で北新地まで歩いていたが、今回は人ごみを避け、地上を迂回して中崎町まで徒歩で向かった。三十分程の時間がもどかしかった。そして、ようやく病院に着いた。もう余り時間が残されていない。なぜなら、その日の夕方から夜勤をひかえていたからであった。

　病院は受付はしていたが、丁度午前の診察と夕方の診察の間の休憩時間に当たっていた。四時半になると診察時間だということだが、今三時前なので、待っている訳には行かなかった。割増料金を取られるのを承知の上で、強引に診察を要求した。患っているニャニャミをここまで連れて来たのだから、後には引けなかった。院長は休憩中だが、当直の先生が対応してくれることになった。問診票に記入する。名前の欄にニャニャミと書く。これでお前はニャニャミという名前に確定した。ソファーに座って待つ。ニャニャミはニャーニャとは少し毛並みが違っていた。ニャーニャは全身が茶色の縞模様だが、ニャニャミは背中側が茶色の縞でおなか側が白色のツートンカラーであった。よく見ると、その毛の中を無数のノミが這い回っている。体が弱っているので、ノミを取る抵抗力が無いのだ。当直の先生がノミ取りの櫛で梳くがおっつかない。お風呂に入れることになった。明日の水曜は休診日なので、二晩預けて治療してもらうことにする。二日連続夜勤の予定だったので、その方が好都合だった。保証金を一万円取られた。「あさって迎

えに来てあげて下さい。こうなったら、家で小さな箱に入れて飼ってあげて下さい。左眼は折を見て摘出しましょう。それから、この子は男の子ちゃんです」と言われた。メスだと思っていたのだが、まっ、いいっか！　マサミやヒロミと言う名の男も居ることだし。家は市営住宅だったので、ペット飼育は禁止だった。だが、今でこそ鉄筋コンクリートのビルだが、昔は終戦直後のバラック長屋で、何処でも平気でイヌを飼っていた。うちでもスピッツを飼っていた。こうなればニャニャミをエデンに戻す訳にはいかない。うちで飼って保護するしかない。ネコをうちで飼うことは出来ない、と考えていたのだが、いとも簡単にタブーは破られた。突然天から息子を授かったことになる。聖母マリアの夫のヨセフに成った心境であった。まさに運命の大激変と言うにふさわしい、大事件の勃発であった。

十六、弁天小僧ニャニャミです

六月十一日、小さな箱を抱えて、ニャニャミを迎えに行った。奥から抱えられて出て来たニャニャミは、私を見るなり、うれしそうにほほえんだ。天使のほほえみであった！　この子はまさに私の天使、私の息子なのだ！　左眼は大きく腫れ上がって飛び出していたが、右眼は何とか大丈夫であった。眼は痛いのであろうが、ノミの厄介者は一掃され、右眼は何とか見えるので、見違えるほど元気になった。よく見ると、眼が腫れているにもかかわらず、可愛い顔をしている。私は早くも親ばかになっていた。

十四階建てのビルの七階にある我が家へ連れて帰る。玄関先に大きな玄関マットを置き、その上に履きふるした私のパジャマを入れたダンボール箱と、スーパーのトレーを二つ、エサ入れと水入れに用意した。ダンボール箱にニャニャミを入れ、エサ入れに動物病院で貰ったキャットフードを入れてやる。ニャニャミは喜んで、カリカリ言わせながらそれを食べた。「そうかあ、これがパパのなわばりかあ！　ここでパパと一緒に、これから暮らすんだね？　そうかあ、これが僕のねぐらかあ！　パパの匂いがして、心地良いねえ！　そうかあ、これが僕の食べ物かあ！　うんっ、おいしいねえ！」とでも言いそうな態度であった。そして私は、ベッドの上でニャニャミを抱いて、一眠りした。新たな親子関係の第一歩である。

十五日には、居酒屋Ｋのお客さんから、ネコの首輪と鈴が入ったプラスチックのボールと猫砂入れを頂いた。ニャニャミは首輪を付けて、ボールで遊んで、猫砂にオシッコをした。私はベッドに寝そべっておなかの上にニャニャミを乗せて、あやした。ニャニャミはグルグルと喉を鳴らして、喜んだ。

ニャニャミの眼を摘出するかどうかでは、一悶着あった。病院ではニャニャミの眼は摘出するものとの前提で院長から話があった。女医さんである。さしずめモトカマ院長といったところである。私は抗議した。「ちょっと待って下さい。ニャニャミの眼を摘出することが前提で話が進められているようですが、子供の眼が摘出されるのを、はいはいどうぞ、と喜んで承諾する親が何処の世界にいますか？　この子の治療の状態を勘案した結果、やむを得ず摘出することになった、という事情が納得出来ない限り、そんな結論は出ないでしょう？　黙って様子を見ていた限

りでは、以前に縄張りで目を患ったこの子の姉の治療の話も参考にされた形跡がない、毎日見ている私には腫れが少し収まりつつあるように見えるのに、実際に治療室で腫れ具合を計測したという現場も見ていない。このままでは私が納得出来ない。セカンドオピニオンを依頼しようかとも考えているのですが、如何ですか？」。自分でも随分思い切った発言だとは思う。だが、子を思う親の気持ちとしては、当然の発言ではないか？　院長は現在のニャニャミの眼と以前に撮ったニャニャミの写真が貼られたカルテの眼とを計測比較して、こう言われた。「確かに少し腫れは引いているようです。ただそうすると、別の心配事が起こります。目の腫れがドンドン引いて来た場合、目の玉が目からこぼれて、目に繋がる動脈が剥き出しになってしまうかもしれません。お父さんが留守中に、何かの拍子に動脈が切れてしまうと、命に関わる大事に至ることも、一応考えておかなければなりません。セカンドオピニオンはお好きなようになさって下さい。どうされますか？」。ここまで言われては決断するしかない。このまま様子を見ようかどうか悩んだ挙句、十八日午前中にニャニャミを動物病院に預け、左眼の摘出手術をしてもらう。翌十九日にニャニャミと摘出した左眼を受け取る。この眼は親子の契約の印なのだ。お前の保護者として一生面倒を見る、約束の証だ。自分の都合により、お前の眼を摘出してしまう結果になってしまった。その責任は一生負って行く。遠い将来ニャニャミを葬る時、本体と一緒に焼いてやる為である。これでもう、ニャニャミをエデンに戻す可能性は百％無くなった。野良の世界では、片目では生きて行けない。ニャニャミは完全に私の子供の、弁天小僧になったのだ。

十七、ニャニャミ王子の大冒険

　私はネコを見る目を誤った。メスだと間違える位だから、ニャニャミはおとなしい、引っ込み思案のネコだと思い込んでいたのだが、事実はそうではなかった。おとなしかったのは体調が優れなかったせいで、本質はやんちゃなネコであったのだ！　その片鱗は、早くもうちに引き取った日から始まっていた。新しく設営した居住区にある発泡スチロールの箱に付いている取っ手の紐を相手に、ネコパンチの練習を開始した。次に、鈴つきのボールで、ネコサッカーの練習を始めた。これが結構ハードな練習で、しかも一番体力気力が充実している早朝の練習に付き合わされる羽目とは相成った。すなわち、眠い目をこすりながら、玉拾いをさせられたのである。更に遂にはネコレスリングのお相手をさせられた。軍手を嵌めた私の手に挑みかかるニャニャミは、迫力があった。前足で私の腕を掴み、後ろ足でこね回す技は効果的であった。おかげで私の体は、傷だらけになった。片目にはなったが、走るバランスがよく見ると崩れている位で、運動能力には何のハンディーも無いように見える。これ以後も何の変化も無い。幼いうちに片目をなくしたので、その前提でバランスが取れているのだ。顔も片目の方が可愛い！　是はただ単に親の欲目だけではなく、ウインクをした方がチャーミングに見える理屈と同じだ。

　ある晩、私が気持ちよくベッドで寝ていると、ニャーというニャニャミの声が部屋中に哭き響いた。何事かと思って目を開けると、寝ている私の頭上をモモンガのように両前足、両後足と尻尾を逆立てた未確認飛行物体ＵＦＯが襲来してきた。ベッドの縁に着陸したその飛行物体を確認

すると、それはニャニャミその人、じゃなかったそのネコであった。ベッドの下から私の胸の上に着陸しようとして、勢いよく飛び上がったが、弾みが付き過ぎてオーバーランディングしそうになり、あわてて全身の毛を逆立てて空気抵抗を最大限にして、軟着陸しようとしたらしい。窓ガラスに激突することは何とか避けられたが、かなりのオーバーフライトで、失敗ジャンプであった。着陸される私としては、寝こみをネコに襲われて、大打撃をこうむるところであった。モモンガならぬニャニャンガの襲来であった。これ以降、私の胸に飛び乗ることと、飛び乗り・飛び降り時に掛け声を発することがニャニャミのクセになってしまった。子ネコの時はまだ良いが、成ネコになってからもそうだから、油断大敵である。子ネコの時の十倍以上の体重で飛び乗られては、堪ったものではない！

また、ある時、風呂上りに素っ裸で鏡の前のイスに座る私の股間にすっと前足が伸びて来た。ニャニャミに玉袋を触られたのだ！「パパの物は、おまえの物より十倍でかいだろう！」と自慢する私であった。ひょうきんな親子関係、よき親子関係の兆しが見えた。

それではここで、私が作ったポエムの中でも全篇中の最高傑作のポエムをご紹介しよう！

別項のポエムをご覧下さい！

十八、ヒメの行幸

その間の諸事件は省略して、話を七月二十二日に進める。午後エデンに出向くと、ニャニャヒ

メが居たが様子がおかしい。立て続けにくしゃみをする。どうやら風邪を引いているらしい。そういえば、風邪を引いたヒメの拉致作戦に失敗したのは、一年前の今頃であった。給料前の時期に、またぞろヒメを医者に連れて行かねばならないハメに陥った。しかも今日は水曜日なので、行きつけの動物病院は休診であった。どうして水曜日ばかりに事件が起こるのだろう？　一旦家にとって返す。帰る途中で念の為ミセスＫに電話をして、ニャニャヒメを医者に連れて行くことを連絡した。自宅の電話帳で近くの動物病院を探す。住所を確認し、地図で場所のあたりをつける。現地についてから、動物病院の場所を探すなどという悠長なことは出来ないのである。それから、ペットショップで購入したネコ用のバッグを持って出かける。ニャニャミを外に連れ出す時に、住宅の人に気付かれたくないから、購入したのだ。念の為居酒屋Ｋに寄って、カマトトママからお金を貸して貰った。そして、再びエデンへと向かった。今度は失敗出来ない。一年ぶりに、再びヒメ拉致作戦が決行されたのである。

いつも行く動物病院は、自宅からほぼ北の方角に在るが、今日行く病院はほぼ南東の方角に在る。自宅からなら、いつもの動物病院よりも倍ぐらい距離が有るのだが、エデンからなら、北東に徒歩四十分程で、余り差は無いように思われた。病院は直ぐ判った。受付で事情を話し、待合のソファーで診察を待つ。待っている間ブラッシングをしてやると、驚くほど沢山の毛が抜けた。診察が始まり、皮下点滴をして貰い、点眼・点鼻薬と風邪薬を処方して貰った。毛が抜けたのはストレスのせいだ、ということであった。一晩家に泊めて、次の日にいつもの病院に連れて行くことにする。ネコがストレスで毛が抜けることはこの後、何度も経験することになった。ニャ

ニャヒメとは長い付きあいだが、自宅に招くのはこれが初めてであった。お姫様の行幸という訳である。

次の日、掛かり付けの動物病院に連れて行く。診断と処方は悪くないのでそのまま継続し、二、三日様子を見ることになった。ただし、ウイルス性の風邪なので、ニャニャミとは出来るだけ離して、隔離するように指示された。ニャニャミは、はしゃいで、ニャニャヒメに飛び掛かろうとする。ニャニャヒメは、どうやらニャニャミのことを憶えている様子で、年上らしく、ニャニャミを適当に上手くあしらっているようであった。本来はニャニャヒメこそ、カマトトネコから私の飼い猫になるなら、第一の候補であるべきネコであったのだ。それがそうならなかったのは、ニャニャミによって破られた、市営住宅でペットを飼ってはいけないタブーがあったからであった。その重しは、もはや存在しない。ヒメの観察眼は鋭く、環境への適応性もあるようだった。例えば、ニャニャミがネコ砂で用を足すのを見て、直ぐにその仕方を覚えた。ただし、完全にネコ砂を均一にかき回すので、必要部分だけを捨てるのに苦労はしたが。一つだけ気に入らなかったのは、私がヒメの肩をトントンと叩くと、腰を高く上げることであった。ネコの雑誌によると、これはロードシスと呼ばれる行為だということである。つまり、交尾の姿勢だ。一度出産の経験があるので、またぞろ直ぐ発情してほしくは無かった。オスを求めて家出でもされては、たまったものではない。ともあれ姫の行幸から、ヒメのお輿入れへと発展する道が開かれたかの感があった。だが、そんなにうまくは、事が運ばなかったのである。

十九、ニャニャミの脱走

　しばらく平和な日々が続いた。だが、そう長くは続かなかった。九月十八日の朝、夜勤から家に帰ると、生き物の気配が無い。家の中を捜したが、ニャニャミの姿が見当らない。部屋のドアも窓も閉めて出かけたはずなのに。いや、思いがけない逃走経路が残されていた。窓についている、息抜きの開き戸だ。二ヶ所開けていた。一つはベランダに面した部屋のガラス戸の最上部にある開き戸。床から二m近い場所なので、一挙に飛び上がるのはニャニャミには困難だが、そばにカーテンがあるので這い上がることは可能だ。広さは縦十二cm程、横は三十cm以上在るので、抜けるのは充分可能だ。ベランダに出れば、以前に開拓した逃走経路に沿って脱出出来る。もう一つは、廊下に面した窓の最上部にある開き戸。すぐそばにベッドを置いているので、その上からなら一m程飛び上がるだけで良い。ただし、大きさは縦十二cm程、横十八cmなので、ニャニャミの体ギリギリの幅しかない。更に、窓の外側十cm位の場所には、鉄格子がしてある。その隙間は八cm位しかない。だが、ニャニャミの体ですり抜けるのは不可能ではない。このどちらかから、脱走したに違いなかった。

　脱走経路を詮索する余裕も無く、さっそく捜索に取り掛かった。脱走してまだ間が無いのであれば、まだごく近辺に潜んでいる可能性が高いが、状況からしてその可能性は低い。部屋は十四階建てのビルの、七階にある。明確な意思を持って脱出したのなら、捜し当てるのは困難だが、瓢箪から駒的に部屋の外に出られたが、戻れないのであれば、まだチャンスはある。集合住

宅だから、他のフロアーに移動してしまえば、元には戻れない。試行錯誤している間に、恐らく地上には到達しているであろう。隣が公園なので、その気になれば、私の目の届かない場所に移動してしまえる。だが、そうはしないだろう。従って可能性としては、ビルの周辺の地上に隠れている可能性が高い、と踏んだ。住宅の周りの草むらを中心に、念の為十四Ｆから一Ｆまでの各階の廊下と階段を、しらみ潰しに歩き回った。住宅では犬猫を飼ってはいけないことになっているので、大声をあげて探し回れないのが、ハンディーである。昼の捜索では、見つからなかった。睡眠不足で智恵も回らないので、昼寝をして、もう一度夜捜した。見つからなかった。絶望感が、私の心の中に広がり始めた。翌日は、夕方からまた夜勤が控えていた。とにかく、ビルの周りを捜すしかない。住宅は逆Ｌ字型に建っており、結節部がエレベーターホールになっていた。朝、ビルの周りを一回りして、エレベーターホールに戻って来ると、エレベーターホールから一Ｆの廊下に繋がるスロープの下から、ネコの鳴き声がかすかにした。「ニャニャミッ！」と呼ぶと、今度ははっきりとした鳴き声がした。床下を覗き込むと、ニャニャミが私の胸の中に飛び込んで来た。こうしてニャニャミは戻って来た。良かった！　ニャニャミもこれに懲りて、同じ事は二度としないだろう！　だが、二度目があったのだ。

九月三十日、夜勤から帰ると、またしても生き物の気配が無い。廊下に面した窓の格子のそばの窓枠部分だけ、埃がこすれた跡が残っていた。ここが逃走場所であると、特定出来た。ニャニャミはオスなので放浪癖があるし、一匹取り残されて寂しいのであろう。だがそんなことは斟酌していられない。捜索に取り掛かった。当然のこととして一Ｆエレベーターホールスロープ下

を真っ先に捜す。だが、いない。間《マン》の悪い事に、その日は連続して、夕方から夜勤が控えていた。一旦眠ってから、夕方もう一度あたりを捜索し、後ろ髪をひかれる思いで、勤務に出かけた。十月一日、勤務から帰り、もう一度ニャニャミを捜した後、私は行動に移った。まず、区役所と最寄の交番に、ネコの失踪届を出した。それから、エデンに出かけたのである。ニャニャミを捜しに？　そんなはずはない。ニャニャヒメを、迎えに行ったのである。

　エデンは閑散としていた。プロムナードにネコの姿が無かったので、私はバベルの階段を上っていった。三Fまで行っても、誰も居ないので、階段を降り始めた。と、二Fから三Fの踊り場にネコの姿があった。ニャニャヒメの姿であった。人間が来たので物陰に隠れたが、私であると認めて、姿を現したのである。私はニャニャヒメを抱き上げて、担いできたバッグの中にヒメを収容した。ヒメはさしたる抵抗もせず、おとなしくバッグの中に入った。ニャニャヒメ、迎えに来たよ。さあ行こう、我が家へ！　僕の子供として、これから生きるんだ！　ずっと、一緒に暮らそう！　私は既に、ネコ無しの生活は考えられないようになっていた。ニャニャミが戻ってきたら、ニャニャヒメと共に暮らそう。仲間が居れば、寂しがって脱走することも無いだろう。もし、ニャニャミが戻って来なければ、ニャニャヒメとだけ一緒に暮らそう。そうすれば、ニャニャミを失った寂しさも、ネコ用の各種道具も無駄にせずに済む。それがニャニャミにも、ニャニャヒメにも、そして私にとっても、最善の策なのだ。

　十月二日、依然として、ニャニャミを発見することは出来なかった。ここ二、三日天候が悪く、雨が降ったりやんだりしていたので、まだチャンスはある。だが、スケジュールには恵まれてい

なかった。夕方から夜勤が控えていた。朝の捜索を終えて、ニャニャヒメと水入らずの時を過ごす。ニャニャミが居ないのでけげんな態度であった、前日のニャニャヒメとは違って、今日は打ち解けた様子であった。こうして室内でマンツーキャットで一緒に過ごすのは、去年の十二月以来であった。ヒメのおなかをさすってやると、マットの上に横たわって私に甘えた。私にだけに見せる、ニャニャヒメの極上の表情であった。携帯で写真を撮った。カマトトネコを撮った三千枚以上の写真の中で、この時のニャニャヒメの写真が、未だにベストショットである。

　十月三日、夜勤を終えて家に帰り、ニャニャヒメの無事を確かめてから、ニャニャミの捜索にかかる。エレベーターホールから一F廊下のスロープに出たところで、聞き覚えのある鳴き声が辺りに響きわたった。「ニャニャミ、何処だ?」ニャニャミが鳴いた。方角が判った。右前方の駐車場からだ。「ニャニャミ、そこに居るのか?」ニャニャミが再び鳴いた。場所が判明した。五十m程離れた、車の下に居るのをはっきりと確認した。車の下から、ニャニャミを抱き上げる。元気であった。部屋へ連れて上がる。玄関で出迎えたニャニャヒメと、ニャニャミがお互いに顔を近づけて挨拶を交わす。こうしてニャニャミは家に戻った。その夜、居酒屋Kにニャニャミを連れて、無事を報告に行った。ママと話をしていてふと床を見ると、糞がしてあった。食べ物屋で糞とは、お前も良くやるよ！　これが摩訶不思議な、糞であった。人間の便のような色形をしていた。状況からして、ニャニャミ以外に犯人じゃなかった、犯ネコは考えられなかった。失踪中、人間の食べ物を何処かで調達していたに違いない。さすがはカマトトネコの子供、したたかではある。ともあれ、これから一人と二匹の、新生活が始まるのだ。だが、またしても、その生

活は長続きしなかったのである。

二十、天使の昇天

十月五日、ニャニャヒメを、いつもの動物病院へ連れて行った。「ニャニャヒメを、うちで飼うことに決めました。それで、予防注射を打って貰いたいので、連れて来ました」モトカマ院長は、「その方が良いと、私も思います」と応じた。注射を打つために、念の為ニャニャヒメの体を診察していた院長の表情が、一瞬曇った。「今診ると、おなかが少し膨れています。ひょっとしたら、ネコの病気で一番恐ろしい、おなかに水が溜まる病気かも知れません。発症したら、致死率百％の病気です。だから、今日は、予防注射は打てません」余りの意外な言葉に、私は言葉を失った。ほとんど話さず、ただ院長の話に聞き入った。普段は猫の体の中に常在しているウイルスが、何かの拍子に活性化して、発症するらしい。効く薬もワクチンも存在せず、ただ黙して死を待つのみ。恐らく今月中は持たないだろうから、最後の日々を、機嫌良く過ごさせてあげるのが一番良い、との宣告であった。黄疸の症状が出ているので、点滴を施し、採血をして血液検査を外注に出して貰うことにした。更に、院内にあるエコー画像診断の機械で、おなかの診断をした。ニャニャヒメは、黙々と診断に耐えた。ごく初期なのではっきりとは判らないが、可能性が高いとの見立てであった。新しい親子関係の第一歩となるはずであったのに、とんだ門出になってしまった。そして、この時私は、このウイルスが旧型のコロナウイルスであった事など、

この時点では知る由もなかったのである。

頑張って暫くは二、三日に一度は通院してくれ、との院長の言葉で決断した。会社を辞めて、暫くの間残っている有給休暇を消化して、過ごすことにした。以前の北新地の勤務地は、オーナーが代わり、警備会社も他の会社が受け持つことになった、とミセスKから聞いていたので、今の会社には何の未練もなかった。仕事をすることよりも、我が子との最期の日々を、親子水入らずで過ごすことの方が、ずっと大事であった。それが親としての最初で最後の、いや唯一最低限の役割、いや義務である、と思ったからである。薬を処方して貰ったが、気休めでしかなかった。院長も私も、効かないことが解っていたから。ただ黄疸症状があったので、定期的に通院はした。

後二つ、ニャニャヒメのために実行した事があった。一つは、毎日般若心経をあげたこと。キリスト教シンパの私が、般若心経とは？とお思いか？　キリスト教の、ハルマゲドン後の世界では、選ばれた者達は生前の姿そのままに復活することになっている。即ちニャニャヒメと私は、猫と人間として復活してしまうことになるのだ。そうはなってほしくなかった。私とニャニャヒメとニャニャミは、次の世で本当の親子として、復活したいのだ。ニャニャヒメとニャニャミの遺骨は、私が死んだ時、その遺骨と共に散骨し、あの世で真の親子として過ごしたいのだ。だから、にわか仏教徒として、般若心経を一日一回、後では、一日二回唱えて、願を掛けた。

もう一つ、願を掛けた。ニャニャヒメのおなかを、時間がある限り、さすってあげた。ニャーニャ譲りで、ニャニャヒメも、特におなかをさすってもらうのが、好きであった。なんだか、百

万回ニャニャヒメのおなかをさすってやれば、ニャニャヒメのおなかが引っ込むような気がしたのである。一回さするのに一秒間だとすると、一分間に六十回、一時間で三千六百回、一日二十四時間で八万六千四百回、十二日間飲まず食わず休まずおなかをさすってやれば、達成できる計算ではあった。だが、実際はその半分も、さすってやれなかった。

ウイルス性の病気なので、ニャニャミに万が一伝染する可能性が、皆無ではないので、最初は例の隔離部屋、後は私の寝室の襖を締め切って、ベッドの上にボール紙の箱を載せ、その中に毛布を入れて、ニャニャヒメを横たえた。ニャニャミは、折角ニャニャヒメ姉さんと遊べると思っていたのに、当てが外れて、襖を開けて侵入して、ニャニャヒメに飛びかかる度に、私から必死に阻止されて、当てが外れて不満であったろうが、そんな事を斟酌する余裕は無かった。そして、ニャニャヒメは確実に、衰弱して行った。

十月二十四日、最後にもう一度、故郷のエデンに帰郷させる計画を実行した。ニャーニャやニャニャエモンは見当たらなかった、ニャニャコはエデンに居た。そして、意外な住人、じゃなかった住ネコ、ニャニャコの新しい子供が二匹居た。ニャニャヒメは、久しぶりの帰郷で病を忘れ、エデンの中を歩き回りたそうであった。丁度ミセスKがやって来て、ニャニャコを家で繋いでいた時の紐を貸してくれた。それを繋いで、エデンの中を散歩させた。繋いでおかないと、何処かへ行ってしまわないかと、不安であったのだ。ニャニャヒメは自分のことを忘れて、子ネコのことを気遣っていた。ニャニャコの子ネコは二匹、茶色と黒であった。ニャニャコはニャニャヒメに花を持たせたのか、途中で姿を隠してしまった。ニャニャヒメと二匹の子ネコは、まるで

実の親子のように、体を寄せ合っていた。茶色のネコはニャンマル、黒のネコはニャンシーと、後に名付けられる。このニャンシーは、この後、この物語の主人公の一匹として、登場することになる。最後にニャニャヒメは、中二階の踊り場のチューブの中にもぐりこんだ。ニャニャコと共にここで生まれ、恐らく自分の子ネコを死産したであろうこの場所を、ニャニャヒメはいとおしそうに触れていた。このようにして、ニャニャヒメは生まれ故郷エデンに、別れを告げたのであった。

そして、ついにその日が、やって来た。十月二十六日、午前中にニャニャヒメを病院に連れて行った。「恐らく後一日持たない、と私は思います」という私の言葉に「私もそう思います」と院長は同意した。夕方、ついぞ面倒を見れなかったニャニャミの相手を、居間でしていると、寝室の中から、ついぞ聞いたことの無い悲鳴が聞こえた。ニャニャヒメの断末魔の悲鳴であった。苦しくても、鳴き声一つ上げなかったニャニャヒメ、余程苦しかったのだろう。直ぐに、寝室にとって返した。既に、ニャニャヒメはベッドの上から降りられなくなっており、布団の上にオレンジ色のオシッコを漏らしたりしていた。六時過ぎから、二十分以上悲鳴は続いた。私はヒメのおなかをさすりながら、ヒメが悲鳴を挙げる度に、一緒に「ヒメー！　ヒメー！」と叫び続けた。ヒメの苦しみの例え万分の一でも共有することが、親としての義務であると思っていた。やがて悲鳴は止み、小康状態になった。動物病院に電話をした。「今何かしてやれることは、無いんでしょうか?」「何なら楽にしてあげることは出来ますが、他に方法はありません」気休めでしかない会話であることは、お互いに解っていた。二度目の悲鳴が始まった。そして、四、五分で悲

鳴は止んだ。ニャニャヒメは息が絶えたのだ。二〇〇九年十月二十六日午後七時三十四分、ニャニャヒメは一年四ヶ月の短い生涯を閉じた。人間の年齢に換算すると、十九歳の若さでの他界であった。

　ニャニャヒメの死を確認した私は、その姿を携帯電話で撮影した後、服を着替えた。黒の背広に白いカッターシャツに黒いネクタイ。いわゆる喪服に、着替えたのだ。毛布の上に横たわったニャニャヒメの死骸を抱え、動物病院へと向かった。院長に、検死をして貰った。ニャニャヒメの検死をした院長は、黙ってうなずいて、「まだ体が温かいですね」とポツリと言った。ニャニャヒメの対応をしていてくれた看護師さんが涙を流してくれた。ペット葬儀社のパンフレットを何通か貰って、家路についた。途中、居酒屋Ｋに寄り、モトカママに、ニャニャヒメの遺体を見せた。そして、ニャニャヒメは再び終の棲家へと帰って来た。こうして、その日は終わった。

　翌日、動物病院から貰ったパンフレットの中から、一万一千円でお経を挙げてから遺体を焼いてくれる、お寺を手配した。携帯電話から写真を三枚プリントし、百十一円であった。つまり、ニャニャヒメの葬儀費用は一万一千百十一円という、一並びの新しい門出にふさわしい料金に、設定出来た。時間が来るまで、イスの上に毛布に包まれたニャニャヒメを収容していたが、動かなくなったニャニャヒメに戸惑って、辺りをうろつくニャニャミが印象的であった。環状線京橋の駅近くにあるお寺で、お経を挙げて貰った。祭壇の上に、毛布に包まれたニャニャヒメの遺骸と遺影を置き、お坊さんのお経を粛然と聞いた。その足で、生駒山の中腹にある焼き場に向かった。いつものバッグに収容したニャニャヒメは、それなりの重さであったが、帰途には軽くなっ

てしまったバッグの軽さが、私の心の空しさを象徴していた。小さな壷の中に納められたニャニャヒメの遺骨は、ベッドの枕元に置かれた。その前には遺影が三枚。これから、私とニャニャミと共に、ずっと暮らすのだ。私達の、大切な肉親として。

いつも、親のニャーニャや姉妹のニャニャコ、弟のニャニャエモンやニャニャミ、甥や姪のニャンニャン・ニャンクロ・ニャンマル・ニャンシーの事を気遣い、自らの子宝には恵まれず、その余った乳をニャンニャンやニャニャエモンに与え、亡くなった我が子を思い二階への階段踊り場を悲しそうに見上げ、いつも他のネコ達に奉仕していたニャニャヒメ。その資質を買われて天に召されたのであろう。そうとでも考えなければ、この理不尽な結末を、到底受け入れる事が出来ない。天に新たに昇って来るネコ達の世話をする為に、また、特別な使命を帯びて特別に神から派遣された、天使のニャニャヒメ、そんな天使の昇天であった。

二十一、召命

ここで聖書の話をしよう。旧約聖書の中の物語だ。この話抜きでは、聖書は聖書とは言えない。旧約聖書の中で一番重要で、有名な話だ。欧米人でこの物語を知らない人間は、物心のある人では、恐らくいないであろう。日本人でもかなりの人は、全部でなくても一部分だけでも、知っているであろう。何故、そんな話とカマトトネコとが関係があるのか？ それは後で判る。話はこうだ。

メソポタミアにアブラム（アブラハム）という男が住んでいた。神はアブラムに命じて、約束の地カナンへと導いた。アブラムはこの命令に従った。妻のサライ（サラ）も従った。アブラハムの召命と言う。だが、アブラハムとサラとの間には、子供ができなかった。跡取りのことを心配したサラは、エジプト女のハガルをアブラハムのテントに向かわせ、彼女は妊娠し、男の子を産んだ。名をイシマエルと言う。ところがイシマエルを生んだ後、ハガルはサラを疎んじるようになった。

ある暑い昼下がり、三人の旅人がアブラハムのテントのそばを通り過ぎようとした。アブラハムには、それが神の使いであることがすぐに判った。アブラハムは三人を歓待し、テントで食事をして貰った。彼等はサラを見て、アブラハムに言った。「来年の春、私があなたの元に戻ってくる時、サラは赤子を抱いているであろう」。サラはそれをテントの隅で聞いて、心の中で笑った。アブラハムは百歳、私は九十歳にもなっているのに、どうして子供などできようか。そんなことは不可能だと思ったのだ。だが、不可能が可能となった。神は二人に子供を与えた。名をイサクと言う。英語読みでは、アイザック・ニュートンのアイザックである。

イサクが生まれると、サラとハガルとの関係が、再び変化する。サラはアブラハムに懇願し、ハガルとイシマエルを砂漠に追放させる。だが、二人は生き延び、アラブ民族の祖となる。イサクはユダヤ民族の祖となる。つまり、ユダヤ民族とアラブ民族とは、アブラハムを祖とする、兄弟の民族なのである。

イサクが物心のついた、それなりの子供になった頃、神よりアブラハムに命令が下った。一人

息子のイサクを、彼方のモリヤの地に連れて行き、神への生け贄として捧げなさい、というとんでもない命令であった。その年の最初の収穫物を、神に捧げる習慣のある地域の、我が子イエスを犠牲にして、人々の罪を贖った神の命令としては、論理的には有り得る命令ではあるが、アブラハムは仰天したであろう。だが、神の命令には到底逆らうことが出来ない。アブラハムは息子のイサクを伴ってモリヤの地に赴き、その地の丘の上に薪を背負ったイサクを導いて行く。アブラハムの胸は、張り裂けんばかりであったであろう。丘の上に祭壇を築き、今まさにイサクの体にナイフを突き立てようとしたアブラハムを、天使が押し止める。「あなたが本当に神を恐れ従う者であることが、よく判った。お前は息子を犠牲にする必要は無い。身代わりを用意した。それを神に捧げなさい。今私は自分を指差して誓う。あなたを祝福し、あなたの子孫を増やし、地に満ちるようにしよう。あなたが私の言葉に従ったからである」。映画『天地創造』で神がアブラハムに約束する感動のラストシーンである。旧約聖書の約とは、神がアブラハムに対して子孫繁栄を約束した、という意味である。一説では、このモリヤの地は、それから二千年後、ゴルゴダの丘と呼ばれ、イエスの十字架の舞台となるのである。

　或る日の真夜中、ふと目を覚ました私は、この物語をふと思い出した。「しまった、僕はアブラハムだったんだ！　何故直ぐにこのことに気付かなかったんだろう！」。私は独身で、一生結婚する気が無かった。一度しかない自分の人生を、他人に一切煩わされること無く、生きたかった。そのことで後悔したくなかった。自分の子供をもうけることなど、思いも寄らなかった。それが、ニャニャミという最愛の我が子を、神より授けられることになってしまった。不可能だと

思っていたことが、実現したのだ。それも束の間、ニャニャミが失踪し、最愛の息子を失う危機に陥った。その時私が取った行動は、エデンに向かい、ニャニャヒメを我が家に迎え入れることであった。私の考えでは、最悪の事態に備えて、ニャニャヒメをニャニャミのスペアーとして用意する積りであったのだが、神にはそれがニャニャミの身代わりを用意した、と解釈されてしまったらしい。それで、ニャニャミは我が家に戻り、ニャニャヒメの不治の病のスイッチが入ってしまったのだ！　ニャニャヒメの最期を看取った私は、あろうことかその死骸を生駒の山の上に運び火葬したのであった。私は何てことをしてしまったのか！　ニャニャヒメには悪いことをしてしまった！　いくら悔やんでも悔やみ切れない。だが、最愛の息子を失わずに済ませるには、止むを得ない犠牲であったのだ！　これからずっとニャニャミと共に暮らすこと、それが神から私に下された召命なのである。そのことがはっきりと、今判明した。

二十二、ネクスト・パートナー

十一月二十四日、ニャニャヒメ喪失のショックから気を取り直して、私は次の行動に取り掛かった。ニャニャミを一匹だけで家に残しておくと、何をしでかすか分からない。幸い今は、ニャニャミのケアーが出来る、充分な時間がある。今のうちに手を打っておかねばならない。気を紛らわす遊び相手と、監視役を兼ねたパートナーを、そばに置いておくに限る。そのパートナーを、エデンから連れてこなければならない。最有力かつ考えられる唯一の候補は、そう

ニャーニャだ！　ニャーニャこそ我が恋ネコ、ニャニャヒメとニャニャミの母親、これ以上ふさわしいパートナーなど、ありえようか？　市営住宅のくびきから解き放たれた今の私には、行動を制約する、何の障害も無い。ただ一点、ニャーニャは根っからの野良ネコだ。素直に為すがままにされる訳など、無い。強制連行、せねばならない。しかもニャニャエモンと同じように、一発勝負だ。失敗すれば、二度目のチャンスは無い。ニャニャミを医者に連れて行く時、ニャニャヒメやニャニャエモンをエデンから拉致した時、使用した例のバッグのお出ましだ。今後の運命を大きく左右する緊張感に包まれて、エデンに向かう私であった。

　最近のニャーニャの行動からして、ニャーニャが必ずしもエデンに居るとの確信は、無かった。だが、エデンを留守がちにしているからこそ、早めに手を打たねば、手遅れになる可能性が強くなる。案の定、エデンにネコ影は無かった。バベルへの階段を昇る。居た！　二階への踊り場に、ニャーニャがうずくまっていた。ネコ特有の、香箱すわりと呼ばれる座り方だ。だが、そのそばに、予期せぬネコが居た。黒猫だ。ニャンクロではない。どうやら、ニャニャヒメと最期の対面をしたニャンタ・ニャンキチ、もしくはニャンシーのようだ。一月前にはほとんど目が見えなかったのに、こうしてテリトリーを歩き回る程、成長したのだ。そして、そばにニャニャコが居ないのが、いかにもだ。ニャーニャも、ニャニャコの子育てに愛想が尽きたのか、子ネコが近寄って来てもフーをして、寄せ付けない。見ると、子ネコは目から涙を流している。例の、幼児性眼病に罹っているようだ。意に反して私は、思いがけない、究極の選択を迫られることになった。その選択とは、ニャーニャを取るか、黒猫を取るかの選択である。

私の一貫したポリシーは、カマトトネコの保護者であることだ。それがニャニャミ以来、カマトトネコを家族として迎え入れることに変化していた。カマトト一家の黄昏を何となく感じていた私が、一家にしてやれることは何なのか？　新しいエデンを、我が家に再現することか、古いエデンの建て直しか？　旧エデンの建て直しは、ニャニャヒメを無くした現在、非常に困難だ。ニャーニャはエデンから離れつつある。それでは、この黒猫を今後のホープとして、据えるか？それとも、ニャニャミの新しいパートナーとして、我が家に迎え入れるか？　その場合、ニャーニャを拉致するチャンスを失ってしまい、二度と巡って来ないかも知れない。悩んだ末、私はこの黒ネコをバッグに入れ、動物病院に連れて行くことにした。セックスチェックの結果、この黒ネコはメスであった。従って名前はニャンシーであることに確定した。今後の物語は、このニャンシーをヒロインとして展開することになる。

　さて、ニャーニャであるが、予感していた通り、二度とチャンスは巡って来なかった。それから一月程後に、エデンで一度、ミセスKの導きで、ニャーニャを見かけた。エデンの南の超高層ビルとの間の通りを、西隣のビルに向かって、ゆっくりと歩いて行った。通りの反対側をつけて行く私を、何度も振り返りながら、やがて隣のビルに通じる柵の下をくぐり、消えて行った。私の手の届かない、別のテリトリーへと移動したのだ。それから何度も何度も、エデンの周囲を未練たらしく徘徊した私であるが、二度とニャーニャには会えなかった。野良ネコの寿命からして、もうこの世には居ないであろう。カマトトネコ達とのドラマチックな別れの連続の中、唯一ニャーニャとの別れのみが、強烈な思い出の霧の中に、フェイドアウトして行くのであった。

二十三、おてんばニャンシー

　動物病院の診断の結果、目の治療には一、二週間掛かることになった。これでニャンシーが、ニャニャミのパートナーと成ることに、決定した。早速居酒屋Kに連れて行き、お披露目となった。まずカウンターに座らせて、親子のご対面である。自分を指差し「パパ、パーパア！」相手を指差し、「ニャンシー、ニャンシー！」と、名前を覚えさせる。ニャンシーはきょとんとした顔をして、事情がよく飲み込めていない様子であった。セレモニーが終り、我が家に帰る。途中でついでに、スーパーNに寄って、買い物をする。勿論スーパーは、ペット持ち込み禁止なので、着ていたジャンパーの中に、ニャンシーを隠す。ジャンパーの下にウエストポーチを着けていたので、掌に乗る位のサイズの、ニャンシーなら、楽々収容出来た。が、家に帰りニャンシーをジャンパーから解放すると、ウエストポーチの上面に、くっきりと模様が描かれていた。お漏らしされたのだ！　しかも、大のようだ！　ちっちゃいから、大も固体ではなく、液体なのだ！　早速の洗礼式を終え、苦笑する私であった。

　次はエサの手配である。子育て苦手なニャニャコの子であるから、すでに乳離れはしているようであるが、念の為、ペットショップで、ネコ用の粉ミルクを買って、ぬるま湯で溶かして、与えた。牛ややぎの乳がイメージにあったので、薄めに作ってしまい、最初は気に入らなかったようだが、段々と濃い目に作って、慣れてきた。子ネコ用のカンヅメも与えたが、時々、ニャンシーが食べていないのに、エサ皿が空になっていた。ニャニャミが盗み食いしているのだ。子ネ

コ用のえさは、美味しいらしい。

次は、ネコに鈴を着けねばならない。これがまた、厄介だ！　体がちっちゃいから、どんな隙間にでも潜り込める。居場所を把握する為に、鈴を着けることは、必須条件だ。だが、体がちっちゃいから、市販の首輪では、ブカブカドンドンだ！　そこで、持っていたカラフルなミサンガを、首輪代わりにする。鈴の代わりに、ちっちゃなベルをつけて、ちっちゃな妖精の、衣裳は出来上がった。だが、ちっちゃな妖精は、すぐに小悪魔に変身した。ある程度覚悟はしていたが、やんちゃな子ネコが、本性を現わした。

ニャニャミの時で懲りていたので、ニャンシーは出来るだけ単独行動させないように、気を使った。幸い、本格的に失業したので、時間はたっぷりあった。まずは、サタンの掌のお出ましだ。狩猟動物には、闘争本能を掻き立てる、この手に限る。ただし、手加減が出来ないで、本気で挑みかかるニャンシー相手では、両手は傷だらけになるが、名誉の負傷、といったところである。次にネコサッカー。家の中に閉じ込めておくと、脱走されるので、家の前の廊下に出して、ボールで遊ばせる。ただし、他のフロアーに迷い込むと、戻って来れなくなるので、絶えず見張っていなければならない。裏のベランダにも、出してあげた。ただし、目を離すと、柵を越えて隣のベランダに侵入してしまうので、絶えず注意しておかねばならない。ニャニャミは、よく隣近所のベランダへ、遠征に出掛けてしまう。こうなると厄介だ。いくら、帰って来るように呼びかけても、こちらを無視しやがる。私としても、衝立を越えて、隣のベランダに侵入しようとして、不審者と間違われるのも嫌だ！　それに、七階のベランダを徘徊していて、足を踏み外

そうものなら、悲劇だ！　ネコを助けようとしての事故なら、名誉の戦死だが、ネコに弄ばれて死ぬのは、犬死に、じゃなかった、ネコ死にではないか！　そこで、特別観覧席を用意した。ベランダの外側は、プランター置き場になっており、鉢植えを並べていた。その一角に、発泡スチロールの空き箱を逆さに置いて、ネコが座れるようにした。その場所から、裏手の公園がよく見渡せ絶好のロケーションとなるのだ。それでも心配なので、用心の為に、ヒモで繋いだ。首輪はミサンガなので、首輪とは別に、胴体に直接繋ぐ紐を、使用した。そのヒモの別の端をそばにある物干し竿の先端に引っ掛けて、突然ニャンシーが動いた時の、ストッパーにした。ニャンシーの上半身はヒモだらけになりぶざまだが、仕方が無い。その代わりに、隣との柵の隙間から、隣のベランダが見渡せ、ネコの覗き趣味も、満足させられる。ニャンシーは好んで観覧席を利用した。あの手この手の努力で、ニャンシーを飼い慣らそうとする私であったが、ついにその努力が破綻する場面が訪れた。

　昔ワンルームマンションに住んでいた時、使っていたファンシーケースを、そのまま継続して使用していた。前面のファスナーの部分が一部破れており、埃が入ったりするが、衣類を収納するには、差し障りがないので、そのまま使っていた。以前にニャニャミが、ジャンプしてその中に飛び込み、出られなくなっていたことがあった。その後の脱走事件の前兆となる出来事であったのだが、その時は解らなかった。身軽な子ネコには、それ位の芸当は朝飯前のことだが、それに伴って、事故に繋がり等すれば、大変だ。何処かに引っ掛かり、首など吊ってしまったり、あり得ない事ではない。このファンシーケースに、ニャンシーが目を付けた。ジャンプして、垂れ

下がったビニールにぶら下がり、その破れ目を拡大、破壊し、遂にファンシーケースは、再起不能のオシャカと成り果てた。仕方が無いので、廃棄処分とし、中身を取り出して、外側をベランダに遺棄した。ニャンシーがそれを遊び場に変えたことは、言うまでも無い。ファンシーケースは、ニャンシーケースと成り果てたのである。おてんばニャンシーの面目躍如、といったところである。そうこうしているうちに、ブルーだったニャンシーの瞳が徐々にグリーンぽくなり、体もスリムに大きくなり始めてきた。このようにして、ニャンシーの世話で、ようやく激動の年が暮れて行くのであった。

二十四、ニャニャミ・スタンダード

ニャニャミが、私の息子になってから半年が経ち、ようやく、いろんな面で、落ち着いて来た。つまり、ニャニャミのスタンダードな生活が、確立されて来た。そこで、その後の展開も含めて、ニャニャミの日常的な決まりごとを、ここでまとめて整理しておこう。

その①　去勢

今までのニャニャミのパートナーは、全て血縁関係のあるネコ、ばかりであった。当ネコ同士では自覚していないが、今後発情して交尾でも起ころうものなら、厄介である。生まれてくるネコに、奇形が発生する確率が高くなる。従って去勢・避妊の処置を施すか否かが、問題になって

来る。それを、ニャニャミに施すか、あるいは両ネコに施すか、思案のしどころである。ニャニャミは、既に片目を失っている。これ以上肉体の一部を失わせるのは忍びない。ニャンシーは、子孫を残す役割を担う。人間と暮らすという理由で、生物としての最も重要な機能を奪い去るのは如何なものか。これは飼い主の、と言うより親としての、当然の疑問というか、ジレンマである。ニャンシーもいずれは直面するが、ニャニャミには今直ぐにでも決断しなければならない問題、である。などと悠長に考える間もなく、事態は進行した。ニャニャミがスプレーをやらかしたのである。ネコの雑誌で知ってはいたものの、壁に向かってオシッコを放射するのを目の当たりにすると、ショッキングであった。発情したオスのオシッコの臭さは、なわばりじゃなかった、仕事場で経験済みなので、私は直ぐに決断した。年明け早々に、ニャニャミを動物病院に連れて行き、去勢手術をした。オスの去勢手術は比較的簡単で、精巣を取り除くだけで、縫合の必要も無く、二日程入院すれば、傷跡も自然に治癒する。ただ例によって、摘出した睾丸は貰い受けた。それを大切に、冷凍庫に保存した。人間のエゴによって、一度ならず二度までも奪い去った肉体の一部を、神様の御許に返す時、五体満足な再生を祈ってやるのが、親としての当然の義務だ、と思うから。ユダヤ人は、神との契約の印として、包皮を切り取る。私も、ニャニャミとの親子の契約の印として彼を去勢することにしたのだ。二日後、ニャンシーを伴って、動物病院にニャニャミを、迎えに行った。こうしてニャニャミは、名実ともに、約束を交わした私の真の息子となった、のである。

その② エサ

ネコのエサが落ち着くまでには、かなりの試行錯誤があった。当初は、魚の缶詰が主力で、時々スーパーＮで購入する、割引の刺身や蒲鉾、一時期はまぐろのカマをフライパンで焼いて、分け合ったりしていたが、その時の気まぐれで、食べたり食べなかったりの場合もあった。それに、ネコは俗にフレッシュイーターと呼ばれ、古くなった食糧を食べない。エサ皿に食べ残したエサを残しておいても食べない。一度引っ込めてもう一度同じ物を出しても食べない。その点、祖先が死肉をあさっていた犬は、腐りかけの酸っぱい食べ物には目がないそうだ。一度食べ残したエサを温め直してニャンシーに出してやったが、「何よこれ？ こんな物で私はごまかされないわよ！」と軽蔑の眼で見つめられた。夏などは余程注意しないと、食べ残しのエサにウジがわく。善意で野良ネコにエサをやる世の自称愛猫家はこの点に注意しなければならない。動物愛護の積りが、害悪を撒き散らしているとのそしりを受けないように注意しなければならない。俗にカリカリと呼ばれるドライフードも、研究が飛躍的に進歩して、ネコの健康と寿命の向上に貢献したとはいえ、持続的に与えて気に入ってくれるものが無く、決定的に定番で与えられるエサが、なかなか見つからなかった。そこに、起死回生の商品が登場した。是が、なかなかの優れものである。他のキャットフードと決定的に違う点は、フードの粒が二重構造になっていること、である。表面はカリカリ、中身はトローリとなっている、というのである。ネコは人間より体温が高いので、ネコの舌の上で中身がとろける、のだそうである。試しに、一粒食べてみたが、良く判らない。が、ネコには格別らしい。ネコの雑誌に、試供品として付いていたのだが、ニャニャミ、

ニャンシーに与えると、喜んで食べ尽くした。口が肥えてしまって、その後は、他の商品は見向きもしなくなった。それにスティックシュガーのように、適量が小分けされて小袋に入っているので、エサやりに無駄が少なくなった。これで決まりである。今では、この商品のシリーズが、十二種類に増えて、ネコを楽しませている。最近では、この姉妹品のとろけるスープがお好みで、ピチャピチャいわしながら喜んで食べている。ニャニャミの好物は、これ以外に、カニ身である。ネコの雑誌には、カニやエビなどの甲殻類は、あまり与えない方がいい、と書いてあったので注意していたが、さすがに甲羅の部分は良くないらしく、ニャニャミも後で戻していた。が、足の身はお気に入りで、ハフハフ言いながら食べた。仕方が無いので、その後も与えていたが、高くついて仕方が無い。そこで試しに、カニカマを与えてみたが、喜んで食べた。そこで、普段はカニカマを与えて、冬場に日帰りツアーで、カニを買ってきた時などには、特製のカニバサミでさばいて取り出した身を、エサ皿に取り分ける間も待ち切れず、かぶりつくニャニャミでありました！　こうしてニャニャミは、カマトト家の跡目を継ぐ、カニカマ王子と成ったのであった！

　仕事柄、毎日コンスタントにネコ達にエサを供給することは不可能だ。そこで必然的に各ネコ達は独自にエサをねだるパフォーマンスが必要になる。それが非常に個性的なのだ。ニャニャヒメは、エサ場に黙って座る。食は比較的細いので、あまりおねだりはしない。気分屋で、好物のマグロのすり身を与えても、喜んで食べる場合も食べない場合もある。そんな時は、私の手の平にエサをのせて与えると食べてくれる。まるで飼いネコのしぐさだ。ニャニャトはいつも夜中にないて私を起こす。レトルトパウチとカンヅメを左右の手に持って示すと、好きな方に鼻先を

くっつけて意思表示する。ニャンタは小さい頃にひもじい思いをしたらしく、常時エサ皿に並々とエサがないと気に入らない。エサ皿からエサが無くなってしまうと、予備の袋を食いちぎって、中のエサを盗み食いする。食い意地が張っているのだ。

一番やっかいなのは、ニャニャミである。夜中に腹がすくと、私の胸の上に乗ってくる。それがエサをねだる仕草か、それとも私と抱き合って眠りたいのか、区別がつかない場合がある。そんな時は、いったんベッドから降りて、もう一度私の胸に飛び乗ってくる。ある時には、業を煮やしたニャニャミが、私の股間めがけて放尿してきた。慌てふためいてシャワーを浴びる私を片目に、エサ皿の前で私がエサをエサ皿に盛るのを今や遅しと待ち構えるニャニャミでありました。

水については、以前は小皿についでやっていたが、面倒くさいので、プラスチックの洗面器に、なみなみと満たしてやった。つまり、水の飲み放題である。普段は飲み水入れになってしまったが、本来は私がお風呂に入る時に使う物なので、自然と新鮮な水をネコ達に提供することになる。それでも、ニャニャミは野良ネコ時代の記憶が残っているのか、時々風呂場に侵入して、プラスチックのバケツの蓋に溜まっている水、を舐めている。ためしに、トイレに流す為に溜め置いてある浴槽の水を、バケツに汲んで風呂場に置いてやると、その水を美味しそうに飲む。ダシがきいて、美味しいのだろうか？　もっとも、消毒された上水道の水が一番安全で美味しい水だ、という考えは人間の、特に日本人の、思い上がりかも知れないが。

その③　ネコ砂

ネコを我が子として育てるようになって、一番驚いたのは、ネコ砂なるシロモノがあること、であった。ニャニャミを飼うようになって、すぐにネコ砂入れを、居酒屋Kのお客さんから頂いた。特に雌ネコには、オシッコを決まった場所でする習性があるので、比較的簡単に、ネコ砂に慣れてくれた。ネコ砂入れは、トイレの便器の前に置いた。つまり人ネコ共用トイレコーナーである。当然ドアは年中開け放しである。当初は、オシッコで色が変化し、トイレで流せるパイプ繊維のネコ砂を使っていたが、使い勝手が必ずしも良くなかった。最初は私も律儀に、ネコ砂入れを奇麗に保とうとしたのだ。オシッコを吸ったネコ砂は、色が変わるようになっているのだが、放っておくとネコの方も、用を足した後の砂を、丁寧に混ぜっ返すので、トイレで流す砂をより分ける作業が、難航する。余分にトイレに流し過ぎてしまうのだ。ある時は、一度中味を総入れ替えしようと思って、全部をトイレに流した。その結果、トイレが寒天状のネコ砂で詰まってしまう結果を招いてしまった。そこで、ある時期から、ヒノキのネコ砂を使用する事にした。ヒノキを原材料にしているので、固まらず分解が早い。ただ、粒が砕け易いので、トイレ近辺に粉が散り易い点に、注意する必要がある。

　他のネコはこれで問題が無かったが、ニャニャミには、若干問題が残った。オシッコはネコ砂でしてくれはするのだが、若干姿勢が高い。座ってオシッコをするなど、オスのなおれだ、とでも考えているのだろうか？　気がついた時は、抑えて座らせているのだが、ネコ砂入れからオシッコがはみ出している場合がある。ウンチの場合には、さらに厄介だ。野良ネコだった時のトラウマが残っているのかも知れないが、ベランダで用を足した後、そばに置いてある発泡スチ

ロールの中にある鉢植え用の砂を掻き出して、自分のウンチの上にかけてしまう。一時期ニャンシーもまねをしていた。ついには、発泡スチロールの中の砂を全部使い切ってしまった。つまり、ベランダの一角が、ニャニャミ専用のネコ砂、と化してしまったのだ。仕方が無いので、時たまバケツを抱えて、トングでニャニャミのウンチを拾い集める、私であった。これが、モンゴルの草原で羊の糞を集めるのなら、燃料として使えるかも知れないが、肉食動物のニャニャミの糞では、燃やしても、有毒ガスしか発生しないであろう。ある時には、一生懸命作業にいそしむ私が、ふと足下を見ると、何とそこには新鮮なニャニャミの糞があるではないか！　パパの苦労に報いる為に、柔らかいホヤホヤの物をしてあげたよ、ってか〜(+_+)　お礼のフン、ってか〜(+_+)　あまりのことに、腹を抱えて笑い転げる、私でありました！(>_<)

　なんとか、ニャニャミにネコ砂でウンチをして貰う為に、思い付いた。ニャニャミに声援を送って、励ますのだ。ニャニャミがネコ砂のところで、ウンチの姿勢を取り始めると、私が手拍子を取りながら声援を送る。「頑張れ頑張れニャニャミ！　頑張れ頑張れニャニャミ！　踏ん張れ踏ん張れニャニャミ！　踏ん張れ踏ん張れニャニャミ！　気張れ気張れニャニャミ！　気張れ気張れニャニャミ！」えっ、逆効果だって？　そうかも知れない。あまり効果は無いようだ。でも、一種のセレモニーなので？　気が付けば声援を送っている。

　それ以外の生理現象では、ネコはよく食べものを戻す、毛玉を排泄する意味も在るのだろうが、ネコの胃は結構小さいようだ。そこに急に腹いっぱい餌を詰め込むと、胃が収縮して戻すようだ。ニャニャミはよくこれをやらかす。懲りずに何度でもやらかす。屁はあまりこかないようだ。肉

食だからだろう。だが、こくと臭い。肉食だからだろう。あくびはよくする。あのマッケンジー体操のような背伸びをしながら、ニャーニャはよくあくびをしていた。ニャニャミもよくあくびをする。あくびをすると、アニメのように顔の半分が口に変身する。豪快なアクビだ。

その④　ブラッシング

ニャーニャ譲りで、ニャニャミもスキンシップならぬ、ヘアーシップが好きである。家に引き取った最初から、膝や腹の上に乗せていたから、なお更である。そこでディスカウントショップで購入した、ネコ用のブラシの登場である。片面は普通のヘアブラシ、もう片方はネコの血行を促進する金属の小珠が付いた、鋼球ブラシである。ニャニャミは殊のほか、このブラシを好む。まずブラッシングをせがむ為に、チャンスがあれば、私の膝の上に乗ろうとする。こちらも心得ているので、廊下にイスを出して、その上に座る。その膝に、ニャニャミが飛び乗って来る。ブラッシングが始まる。このように設定しないと、抜け毛が部屋中に散らばることになる、からである。基本的には、ニャニャミが膝から降りるまで、ブラッシングを続けることになるが、これが一定していない。膝に座らせる為に、足を組むのだが、当然時々組み替える。何度か繰り返すうちに、やっと解放される。当然足が疲れる。だが、可愛い我が子のこと故、出来るだけ頑張る。季節の変わり目では皮膚が痒いらしく、ブラッシングの時間も長くなる。当然抜け毛も多くなる。その抜けた毛がブラシにこびり付く。時々その抜け毛をブラシからむしり取って、廊下から空中へ解き放つ。それが風に乗って空中を漂い、やがて地上へと舞い降りる、季節の風物詩である？

時々ヴァリエーションを替えて、鋼球ブラシを使用する。こちらは、ニャニャミのあごの側面に使用する。ニャニャミは自ら、ブラシに口の横から頬にかけて擦りつける。それが気持ち良いようで、ジャリジャリ言わしながら擦りつける。ネコの雑誌によると、その付近に分泌腺があるから、らしい。時には、鋼球ブラシに自分の鼻を思い切り擦り付ける。何をしているのか、最初は判らなかったが、どうやら鼻くそを取り除く仕草である事が、徐々に判って来た。ニャニャミは片目であるが故に、目から鼻に抜ける涙腺が詰まっている。その為に、鼻くそが詰まりやすいのだと、主治医に教えられた。そうと判ると、私が手伝わねばなるまい。ニャニャミを上に向かせて、鋼球ブラシの毛先を鼻の穴に突っ込み、鼻くそを掻き出そうとする。ネコの鼻はうまく出来ていて、入口が横に開いている。そこからクソを掻き出すのだ。ニャニャミも舌先で鼻を舐めながら、上手くくそが出たかを確認する。このようにして、親子の共同作業で厄介なクソをようやく掻き出す。こうして多くの時間を、ニャニャミのブラッシングに費やすのだが、春夏秋ならこれでいい。問題は冬である。少し位なら我慢出来るが、長時間となると、さすがに寒い。冬場はニャニャミもさほどはせがんでは来ないが、寒い時は、さすがに嫌だ。こちらもニャニャミの親にふさわしく、寒がりなのだ。そこで、一つの代替案として、散歩が浮上することとなる。

その⑤　散歩

全くの偶然で、冬場にニャニャミを散歩に連れて行くことになった。動物病院の話では、散歩好きのネコもいないではないが、珍しいには違いない。イヌの散歩をイメージすれば、簡単なよ

うにも感じるかも知れないが、これが想像を絶する程、ネコの散歩には困難が付きまとう。例えて言えば、イヌの散歩は巡回のようなもの、であるが、ネコの散歩は徘徊のようなもの、なのだ！　従って、普段放し飼いにしているネコでも、散歩の時は、必ずヒモに繋がなければならない。そうでないと、何処へ行ってしまうか知れない。ここまでは、簡単に予想が付くが、問題はこれから、である。紐で繋ぐことで、行方不明になることは避けられるが、逆に、ネコの行方に付き合わされることとなる。イヌならば、普通の道路を歩いてくれるであろうが、ネコはそんなことはしない。真っ直ぐに、草むらに向かって突進する。当然、草むらには色んな虫達が、お客様を待ち構えている。冬場限定の散歩、の意味が、お解りいただけただろう。ネコならば、分厚い毛皮に覆われているので、大丈夫であろうが、人間ならひとたまりも無く、そこら中を虫に噛まれて、腫れ上がってしまう。散歩どころではなくなってしまうのだ。それに草むらでは、何処に切り株の端くれや鋭い枝先が、潜んでいるとも知れない。足を切り株で踏み抜いたり、枝先で傷だらけの人生になってしまう、かも知れないのだ。軽装で臨んだなら、大怪我をするやも知れない。重装備、しっかりした履物で臨まねばならないのだ。それに反し、運動神経も要求される。何故なら、ネコの大好きなのは、塀や垣根なのだ。ネコが塀や垣根の上に、ひょいと飛び乗った場合、それについて行かねばならない。なぜなら、決して散歩の紐を、離してはいけないから。ネコが向こう側に飛び降りたら、自分も向こう側に飛び降りねばならない。身軽な人間なら良いが、身重な人間なら一苦労二苦労三苦労である。足を踏み外せば大怪我をする。まさに、ネコの散歩に付き合うのは、命がけなのである。散歩中に、他のネコと遭遇すると、追っかけっこが始

まるので、不意を突かれて、紐を持って行かれないように、しなければならない。途中に大木があれば、不意に、それによじ登ったりするので、注意しなければならない。逆に、見晴らしの良い場所が在れば、絶好の待ち伏せ場所として、その場を動かないことも、ありえる。ニャニャミなどは、途中で地面に穴を掘って、用を足したりするので、誠に気の休まる時が無い。ある時、もうそろそろ良いだろうと、ニャニャミを促して抱き上げて帰ろうとすると、ニャニャニャニャニャーと雄たけびを上げて、ニャニャミに指を噛まれてしまった。指からは出血大サービスである。飼い猫に手を噛まれるとは、このことである。まさに、散歩好きのネコを子に持つ親は、気苦労が絶えないのである。

その⑥　寝床

親として一番気の休まるのは、子供達が寝ていてくれる時、である。少しでも、その時間を引き延ばす為に、あの手この手と工夫することが、求められる。寝床を何ヶ所か用意した。まず、ネコソファー。ディスカウントショップのペットコーナーで、円形と長方形の二種類のネコソファーを買い求めた。それを居間のど真ん中にしつらえた。エアコンの暖かい風が吹いてくる、特等席の場所だ。冬は最低の十八度程度に温度設定して、エアコンを付けっぱなしにしているのだ。何たる快適空間、優遇措置。ネコ天国ではないか！　ネコはソファーで丸くなり、ソファーでフミフミしながら眠る。

次に、洗濯機の上の洗濯かご。かごの中に足温器を入れ、その周りに私の着ていたぼろを敷く。

ニャニャミが好んで、丸くなって眠る。模様がマッチしていて、まるで、巨大なアンモナイトのように見える。暖かくなると、足温器を取り除くので、空間が広くなり、二匹でじゃれあう、絶好のヘアーシップの場となった。この洗濯機の上の部分の、天井が低くなっている。その天井の下三十cm位に、棚が作られている。その棚が、丁度洗濯機の斜め上に位置する。つまり、梯子を掛ければ、洗濯機の上の洗濯かごと棚が、上り下り出来ることになる。脚立を梯子代わりに、立てかけてやった。ニャンシーが好んで棚の上に登るので、小さなダンボール箱を、置いてやった。或る時ニャンシーが見当たらないので、ニャニャミに「ニャンシーは？」と尋ねると、首を斜め上にしゃくりあげる。そちらの方に目をやると、確かにニャンシーがいた。私の言葉の意味が解って、自分の妹の名前も解っている。親子のコミュニケーションは、完璧だあ〜。

　私が用意した寝床以外に、ネコ達が開拓した場所も在る。押入れだ。居間の襖を開けた押入れには、人間用の布団が入っている。不用意に私が開けた襖から、勘の鋭いネコ達が絶好のねぐらを開拓してしまった。既に、家中の、物置を除くほとんどの場所は、襖が開け放たれ、行け行けになっていたが、今や押入れも、その解放区に取り込まれてしまった。しかも、半分襖が閉じられているので、他の場所より、むしろ暖かい。一番の憩いの場所と成り果てていた。その場所に立てこもられ、仕方がないので、こちらから、そのネコの解放区を訪れ、ネコと共に時々添い寝する私であった。もはや我が家は、私の縄張りではなく、親子共同統治の領分、となっていた。

　私が寝るベッドの下は、引出しになっていた。その中に、下着を中心にした衣類を、入れているのだが、着替えをした時、その衣類が生暖かい時がある。ある時は、少し開いた引出しの隙間

から手を入れると、ニャンシーの黒々とした前足が、にゅっと伸びて来ることもあった。ネコは狭い空間を殊のほか好む。ベッドの下は、絶好の隠れ場兼ねぐらである。浴槽の下だけは願い下げだが、それ以外なら、狭い場所をネコ達に占拠されるのは、認めざるを得ない。親子の力関係が、徐々に分が悪くなって来た。

その⑦　ベッドとバイブレーター

　第一の縄張り、即ち我が家の室内での、最もネコ達が活躍する場所は、いつも私が寝ているベッド、である。私が起きている時は言うに及ばず、寝ている時でも、布団の上で子供同士でじゃれ合っている場合がある。特に冬場は、コタツ代わりにしている足温器を、布団の上に出してやっているので、その上で体を寄せ合って、暖を取っている。夜中に、重苦しく感じて目を覚ますと、ニャニャミが、大の字になって寝ている私の股間に、窪みを作り寝ていることがある。当ネコにとっては、枕代わりになる私の足もあって、快適な窪みであろうが、こちらは堪ったものじゃない。股間に楔を打ち込まれて、磔にあっているようなものだ。大の字に寝ている積りが、太の字になっているのだ。布団が少し盛り上がっているのでめくって見ると、暗闇の中に、ニャンシーの目が光っている場合もあった。油断も隙も、無い。

　首が凝るので、ドーナツのように首に嵌めて、マッサージするバイブレーターを買った。それを、ベッドの上に寝ころんで掛けていると、ニャニャミが私の胸の上に飛び乗って来る。ダラーンと右向きに寝そべって、気持ちよさそうである。ネコにとっても、マッサージ機はグッドバイ

ブレーションのようだ。安全の為十五分で切れるのだが、その後も、胸の上を動こうとしない。スイッチを入れ直させて、何十分も楽しんでいる時もある。振動音が、ネコのグルグルいう唸り声に似ているからなのか？　最近では、バイブレーターを掛けているうちに徐々に体がずり落ち、私の左肩の横の、敷き布団の上に収まる。その上に掛け布団を掛けて、並んで寝る習慣になってしまった。親子で抱き合って寝ているのである。至福の時間だ。

その⑧　廊下グラウンド

第二の縄張りとも言うべきベランダについては、以前に述べた。更に、第三の縄張りとも言うべき場所がある。家の前の廊下である。私達の住む市営住宅は、十四階建てである。その七階に、我々の縄張りがある。フロアーは、逆L字型に、四室と五室の計九室並んでいる。その両端の部屋の外側に、外階段がある。繋ぎの部分がエレベーターホールになっており、ホールから五部屋側の二番目が、我が縄張りである。つまり、我が部屋から三軒向こうの部屋の外に、こちら側の外階段が在ることになる。ネコは本来野生動物なので、放って置くと運動不足になり、夜明けの運動会や夜明けの家出をしでかすことになることが、段々判ってきた。家を留守にしがちの私が帰宅すると、ドアを開けた途端に、ニャニャミを始めネコ達が待ち構えていたドアの向こうから、一斉ににゅっと廊下に飛び出してくることが、しばしばであった。尻尾をたなびかせて、三十m程先の外階段に向けて嬉々として走って行くニャニャミは、絵になっていた。今は時間があるので、時間と根気が許す限り、子供達に付き合った。外階段の付近までイスを持ち出しての、ブ

ラッシング、ボール遊び、ネコじゃらし、ダンボール箱でのかくれんぼ、踊り場見晴台でのスズメと地上の観察、廊下に出されている自転車のニオイの確認、反対側の廊下への遠征、我が家に向かっての短距離追い抜き競争と、縦横無尽に遊び回る、子供達でありました。ただし、監視を怠ることは出来ない。迷い子にならないようにすることは勿論だが、油断すると廊下に出したイスの上を、ニャニャミが占拠し、主の座を奪われてしまわないとも限らない。また、時々カラスが廊下の手すりに舞い降り、羽を休めようとする。私の出番だ。「こらカラス！ うちの息子に何すんねん！」と威嚇する私である。

その⑨　取っ組み合いと毛繕い

ニャニャミは、特に取っ組み合いが好きだ。取っ組み合いこそが、ネコのアイデンティティーの確認の手段だ、とでも思っているように、パートナーには必ず、取っ組み合いを仕掛ける。ニャンニャンの時に、既にそうであった。ニャンニャンがまだ私に慣れておらず苦慮していた時期から、お構いなしに、寝ているベッドの私を飛び越えて、ニャンニャン追いかけっ子をしていた。ニャニャヒメには、適当にあしらわれていたし、私がブロックしていたから、ストレスがあったかも知れない。そんな、過去の取っ組み合いの例はぶっ飛ばして、ニャンシーとの取っ組み合いは、特に迫力があった。ニャンシーの毛並みは、並みのネコと違っていた。ふっくらとした毛の生え方ではなく、びっちりと、皮膚にまとわりつくような、まるで黒ヒョウをも連想させるような、スリムですらりとした細長い体型に、成長していたのだ。とくにシッポが、長くしな

やかなムチを連想させるような形をしていた。そのシッポで、床を鞭打ちながら、ニャニャミと組み合う取っ組み合いは、半分本気の迫力があった。

取っ組み合いとは一転して、和合の象徴のような、毛繕いも又、ニャンシーは気合が入っていた。こんな場合は、年下ならぬ月下のネコが月上のネコにする物らしい。ニャンシーに舐められて、恍惚の表情をするニャニャミは、ニャニャヒメに舐められて、恍惚の表情をするニャーニャに、そっくりであった。ニャンシーをパートナーにしてよかったと、胸を撫で下ろす私であった。このようにして、ニャニャミは我が縄張りで、私に次いで、その不動の位置を獲得したのであった。

私は時間が有れば、ニャニャミに言い聞かす。「これだけ一生懸命に世話してやってるんだから、恩返ししてくれよ！　生まれ変わったら、パパが可愛いネコに生まれてくるから、お前は人間に生まれ変わって、僕を飼ってくれよ！　次に生まれ変わったら、また交代しよう。ずっとこうして、親子でいるんだ。解ったかい？」。ニャニャミは「ニャー！」と答えてくれたが、解っているかどうか、怪しいものだ。

二十五、黒光りニャンシー

そうこうするうちに、季節は、冬から春、春から梅雨へと移って行った。私は、まだ失業中

だったので、求職活動と共に、この間に出来なかった、縄張りの整理整頓をするかたわら、ネコ達の遊びのお相手も勤めた。ニャニャミとニャンシーは喜んで、二匹揃ってベランダでの景色観察や、廊下での運動会とピクニックにいそしんだ。私は梅雨時の雨の中でも、ベランダに出れるように、鉢植えの枝にアンブレラを引っ掛けて、濡れないようにしたり、球拾いを勧めたり、ブラッシングに励んだりと、ネコのケアーに余念が無かった。その甲斐あって、ニャンシーは順調に育っていった。背がすらりと伸び、人間で言えば八頭身の、美ネコに育っていた。もう、ミサンガは卒業して、ニャニャミが最初にしていた、貰い物の、ピンクの首輪をしていた。毛の色は黒々として、俗に言う「カラスの濡れ羽色」に光っていた。初夏の太陽に照らされると、それが黒光りして、なんとも眩しく見えた。もっとも、写真写りは光り過ぎて、かえって良くないが。ニャニャミの毛も黄金色に光って美しいのだが、ニャンシーの色は独特の気品があった。もっとも、全く黒一色というよりは、目を凝らしてよく見ると、黒一色の部分と幾分色が薄い部分の、縞模様が見て取れた。

　或る日の夕刊に、写真入で、猫のことが書いてあった。タイ原産の黒猫の種類があるそうで、その写真がニャンシーそっくりであった。そうだったのか！　他のネコとは違う、とは感じていたが、どういう間違いかは知らないが、タイ王家御用達のネコの血が、混じっていたのか？　これからは、イチビリット王女と呼ぼうか？　それとも、王女シマッセと呼ぼうか？　そんな冗談を考えながら、ニャニャミが息子になった一周年も過ぎ、時は過ぎて行くのであった。だがそんな中、次の事件への萌芽が徐々に形成されていることを、私は気がついていなかったのだった。

二十六、王女の発情

本格的な、夏がやって来た。二〇一〇年の、あの暑い夏がやって来たのだ。相変わらず、ニャニャミとニャンシーは縄張りで活躍していた。隣が公園なので、よく迷い込んでくるセミやトカゲを、二匹で物珍しげにもてあそぶ。私は七月になって、ようやく就職が決まった。また警備員だ。またぞろ、家を留守にする時間が多くなった。それでも、出来るだけネコ達との時間を多く取るようにはしていた。まだ給料を貰っていないので、金の掛かる外出は控えざるを得ないのだ。窓際のラジオで、ナイター放送をかけ、窓を開いて聞きながら、廊下で遊ぶネコ達と、多くの時間を割くようにはしていた。目の届く範囲で二匹揃っているなら、問題は無いが、ニャンシーもまた好奇心旺盛で、ニャニャミとは逆の方向へ遠征したり、階段で別のフロアーへ迷い込んだりする。二、三度行方不明になり、大慌てで探し回ったりさせられた。こんな場合一刻を争う。時間が経てば、加速度的に見つけ出す確率が低くなってしまう、からだ。

　更に、それに重なるような、不安材料が出て来た。ニャンシーが、時々私やニャニャミに体を擦り寄せ、何かをねだるようなそぶりを見せ始めたのだ。いよいよ始まった。発情の兆しだ。もう少し待ってくれ。給料が出たら、病院に連れて行くから。私の願いとは裏腹に、発情の傾向は、波のうねりのようにその周期を狭めつつ、迫って来るように感じられた。たまらず、ニャンシーを抱いて動物病院に向かったが、その途中で気が付いた。今日は水曜で、行き付けの病院はお休みだったのだ！　仕方なく、我が家へと引き返さざるを得なかった。そうこうするうちに、八月

の上旬になっていた。給料日まで後二日の八月八日、朝起きると、ニャンシーの姿が無い。ニャニャミがそばにいるので、油断していた。例のパターンで、家出したに違いない。運の悪いことに、仕事に出かけなければならない。帰りは夜だ。時間が経ち過ぎている。しかも夜だ。もうニャンシーを見つけ出すのは、不可能に近い。ニャニャミの場合は、運良く戻って来られたが、あの時は、条件に恵まれていた。何よりも、本ネコに戻る意志があったから。ニャンシーは、そうではないだろう。今までのメスネコのように、覚悟の家出であろう。それならそれで、せめてニャニャミに相談してほしかった。

　八月九日の夜、私はニャニャミに八つ当たりした。「お前がついていながら、なんでニャンシーを家出させたんだ！　今から探して来い！」と寝室を締め切って、ニャニャミをベッドに放り投げた。このやり方は効果が高い。ネコを傷つけること無く、罰を与えることが出来る。ベッドの下に逃げても、無駄だ。ベッドを動かして、ネコを引っ張り出せる。襖を締め切ってしまっているので、他の部屋には、逃げられない。思う存分、罰を与えられる。主はあくまでも私なんだと、はっきりさせられる。さすがのニャンシーも、このやり方には降参して、もう止めて頂戴と懇願の態度を見せたことがあった。ただ、注意しないと、ネコを放り投げる時に、咄嗟にしがみ付かれて、腕に大怪我をすることがあるが。ニャニャミに紐を付けて、廊下に出すと、ニャーニャーと悲鳴をあげながら、廊下の端までニャンシーを探しにいく姿勢は見せた。私には、それで充分だった。これ以上ニャニャミに求めるのは酷だと、解っていたから。部屋に戻って、ニャニャミの紐を外した。だが、ニャニャミは、再び部屋の外に出て行った。今度は、お前

一匹で探しに行け、と命令されたと、理解したらしい。そのまま、ニャニャミは帰って来なかった。ちょっとやり過ぎたかな、とは思ったが、不思議と不安は感じなかった。居酒屋Ｋのモトカママのアドバイスに基づき、翌日交番には届けたが、ニャニャミについてはある確信があった。次の日の朝、廊下から下の駐車場を見下ろして、待っていると、案の定駐車場から、ニャーという鳴き声が響きわたった。ニャニャミである。こうして、ニャニャミは元のさやに収まった。だが、ニャンシーは戻って来なかった。オスを求めて、旅立っていったのだろう。首輪をしていたし、あの美貌だから、人間が放って置く訳が無いだろう。せめて、良い飼い主と良いオスに巡り合って、幸せに暮らしてほしい。育ての親としての、せめての願いであった。

こうして、ニャーニャの血を引く最後のカマトトネコは、私の元を去って行った。

二十七、それからのニャニャミ

またまた、ニャニャミと二匹きりになった。ニャニャミは何事も無かったかのように、日々を過ごした。ネコという動物は、底抜けの楽天家なのだ。だが、油断すると、またやらかす。十月九日、ベランダの物見台から、柵を越えて隣家に侵入。その後、壁を伝って、地上へ降りたらしい。そして、翌朝、駐車場でニャー！　これを習慣にされては、堪ったものじゃない！　十一月十日、日帰り旅行の土産物屋で、ネコのオモチャを買った。ニャニャミと同じ茶トラ白の毛並みで、電池で声が出る。これが人間の声であるが、シッポを振り体を転げながら、爆笑する。ニャ

ニャミの弟、ニャニャムと命名した。これなら失踪しない。しばらくは、ニャニャミの注意は、そらせられるかも知れない。だが、根本的解決にはならない。十一月十八日、居酒屋Ｋのモトカマママの家に行き、ネコ達を見せて貰った。十匹近くネコが住み着いていて、何匹でも、貰ってくれれば大歓迎だ、ということであった。

二〇一一年元旦、私は居酒屋Ｋのモトカマママ家から、三匹の子ネコを貰い受けた。彼等を例のバッグに収容し、我が家へと向かった。さあ、この箱舟に乗って、新天地へと向かおう！　我が家で、新しいエデンの園を、我々で創るのだ。未来は、君達に委ねられた。私は、改めてバッグを手で持ち直し、我が家へと向かうのであった。

この三匹はニャニャナ♀・ニャニャカ♂・ニャニャト♂と名付けられた。その後、ニャニャナは不慮の事故で二月末に水死、ニャニャカは二月末に家出し、あっけなく、ニューエデン計画は水泡に帰した。

その後、ニャニャトは二〇一三年二月末に腎臓病で死亡したが、二〇一二年秋にはニャンタが隣の公園で私に保護を求め、二〇一五年夏からは、シロロ♀・クロロ♂が家族に加わり、ニャニャミが一匹きりで暮らすことはなかった。従って脱走事件も起きなかった。ニャニャミは弟や妹に囲まれて、幸せに、平穏に、カニカマネコとして暮らした。従って、物語としては、記述する価値がないので、この間の物語は大幅にカットして、終盤へと、いっきに向かうことにする。

二十八、ビバ・ニャンコ‼

ここからは、ニャニャミを含めた、愛すべきネコ達の習性に関して述べておこう。

その① お尻のニオイ

ネコの嗅覚は人間のそれとは違う。そのことは今までも述べて来た。ニャーニャは私を、視覚だけではなく、抱かれた時の体臭で識別していた。ニャニャミも同様であった。ある時、朝出勤の用意をして鏡の前に座っていると、ニャニャミが膝の上に飛び乗って来たのだが、飛び乗った直後に、膝から飛び降りて逃げて行った。どうやら、私がオーデコロンを振り掛けており、そのニオイがきらいであったから、のようだ。それ以後、私はまったくオーデコロンを止め、自然のニオイで勝負している。そのせいで、人間のメスには、まったくモテなくなった。こちらも、香水のキツイ、水商売のオネエチャンは敬遠するようになった。自然界で生きているネコ達にとっては、ニオイが生死を分けるケースもあるであろう。だからニオイは大事である。

糞のニオイで健康状態や成熟状態が判別出来るらしいことは、テレビや新聞で見聞きしている。だから、糞の出入口・肛門のニオイは重要である。お尻のニオイを嗅ぐのは、ネコの日課と言っても良い位である。と文章では書いたが、これを実践されては、堪ったものではない。

ニャニャミは、時々私の胸に飛び乗り、お尻を向けてくる。あろうことか、シッポを挙げて、肛門をむき出しにして、私に迫って来るのだ！ お尻が乾いている場合は、そうでもないが、

湿っている場合、すなわちウンチをして間無しの尻を私に向けて迫って来る姿は恐怖だ!! 居酒屋Kのママは、「お尻をナメてって言ってるのよ」と簡単に言うが、人間のメスならいざ知らず、ネコのオスの肛門などナメられる筈がないではないか?!

その② パパの屁は臭くない

何度も言うが、ネコの嗅覚は人間とは違う。あの強烈なネコのオシッコから比べれば、他のニオイなど、何でもない。肉食動物の強烈なニオイの世界である。ある時、例によって、私が寝ころがっているそばに、ニャニャミが近づいて来たので、「これでもくらえ!」と一発ぶっ放した。ニャニャミは臆することなく、私の尻に鼻を近づけ、「へー! パパの屁はこんなもんかあ! たいしたことないニャー!」てな様子であった。恐るべし、ネコの屁! ニャニャヒメがやらかした屁は強烈であった。ネコの世界では、レディーも天使も関係ない。強烈な屁のニオイ有るのみであった!

その③ ニオイとあご乗せ

ネコの嗅覚を一番堪能しているのは、シロロとクロロである。寒い季節には、寝ている私の体に近寄って来る。つまり、文字通り三Pで寝るのだ! その場合、二匹おのおのが、好んで私に寄り添う部位が決まっている。クロロは私の左脇の下、シロロは股間部か足首である。この三ヶ所には共通点がある。アゴを乗せるのに適当な枕状の肉ブトンがあること、適度な湿り気と温度

があること、それに何よりも快適なニオイに包まれていること、である。二匹はこの天国のような場所で、今日もまどろんでいる、トホホのホッ！

その④　連れション

本文に記述した様に、我が家のトイレは、人・ネコ共用で、ドアーは開け放たれている。私が普通に小用を足していると、時々クロロがやって来る。私が立っているそばのネコ砂入れの縁に前足を掛け、立ち上って小用を足す。大の場合もある。ネコのペニスは普段は体の中に収まっているので、ネコの立ちションは、人間とは違って、斜め後に発射する。つまり、人間とネコのオス同士の連れションは、前と後の反対方向へ並んで発射するのである。シロロはメスなので座って小用は足すが、大の場合は同じくネコ砂入れの縁に前足を掛けて行なう。二匹とも、結構私と遭遇するので、その場合は私が支えて生み落とすことになる。ウンコロリン、ウンコロリン‼

その⑤　膝上ダッコ

今度は私が大の用を足す時であるが、今までの習慣上、トイレのドアーは開けたままで行なう。従ってネコの通行は自由なので、またぞろクロロがやって来る。便器に座って仕事中の私の膝の上に飛び乗って来る。その膝の角度が、抱き締められて、撫でられるのに丁度良いようなのだ！クロロには良いであろうが、こちらとしては大迷惑だ。何せ、運が一時的に途切れてしまうのだから！かと言って、こちらは何せ不自由な体制であるが故に、強く追い払うことも出来ず、仕方

なくクロロの体を撫でてやると、クロロはグルグル言わして喜んでいる。ウンコロリ～ン！

その⑥　風流な水遊び

動く物に関心が深いネコ達にとって、水の流れはまた格別なものらしい。フロ嫌いのうちのネコ達にとって、フロ場に溜まった水は、一種危険な物であるはずだ。私が仕事に出かけている間にフロ場で事故死したニャニャナを目の前で目撃しているはずのニャニャミは、特にそうに違いない。だが、私が風呂桶の栓を抜いて水を流すと、その音を聞きつけて、排水口を覗きにやって来る。他のネコ達も同様である。複数のネコがむらがって、狭い排水口にたむろする様は、一種異様である。味をしめた私は、ネコ達を廊下に出す時、バケツに水を溜めて持って出る。それを廊下の端から、排水のミゾに向かって流すのだ。ネコ達は興味深そうに、その水の流れを追いかける。まるで、曲水の宴で遊ぶ平安貴族のように、優雅な遊びではないか！　御免なさい、親馬鹿でしたニャー!!

その⑦　コップの水

私は昔から、コンタクトレンズをはめている。ハードレンズだ。従って、朝起きて歯を磨いた後に、コンタクトを装着するのが日課だ。流水では不安なので、コップに水を溜め、三面鏡の前でレンズをゆすぎ、装着する。そこにクロロが近づいて来る。彼にとっては、コップの水は、飲むのに丁度都合の良い、適切な量・適切な入れ物に入った、おいしそうな水に見えるようだ。だ

から油断すると、ペチャペチャと、コップの水を舐め始めてしまう。考えてみると、この方が、コップ本来の役割を果していることにはなるのだが、私にとっては不都合だ！　レンズを洗ってしまった後なら、別に差し障りはないのだが、保存液の成分が溶け出しているので、健康の為には、あまり良くないだろう。問題は逆に、まだレンズを洗う前に口を、ではなく舌をつけられた水では、さすがにレンズを洗う気になれないので、水を入れ直す私でありました。

その⑧　風呂場のガラス戸

フロは嫌いだが、私がフロに入っていると、気になるニャニャミでした。出入口の外からニャニャミの鳴き声が響き、ガラス戸にシルエットが写り、ついにはドアーを前足で開いて侵入して来るニャニャミを脅威に感じ、風呂場を覗かれ、侵入される女性の恐怖とは、こんな気持ちなのかと、妄想を抱く私でありました！　お前は変態かあ！

その⑨　犯される!?

クロロは、ベッドに仰向けに寝ころんでいる私の胸元へ飛び乗って来る場合が多い。ある時は私の胸板ドンピシャに乗って来る。当ネコにはそれが、すこぶる快感であるらしく、前足でフミフミ・グッパをする場合がある。と言うことは、私の乳房はクロロの前足で揉まれていることになる。これって、人間の男が女にすることじゃないか！　私はクロロに犯される、助けてくれ〜!!

その⑩　ニャニャミの爪はがし

風呂場のガラス戸を開けるクセが付いたニャニャミは、ベランダへ向かうガラス戸をも時々開けるようになった。ただし、ベランダへのガラス戸は風呂場のガラス戸とは違って、ストッパーが付いている。ストッパーをはずしている時に、ベランダへのガラス戸をニャニャミが開けているのは、何度か見た事はある。ある時は親指の爪を目一杯に扉の端に突きたて、ドアーを開けていた。

　ある日、ニャニャミの右親指の爪がはがれているのを発見した。数日は経過しているように見えた。恐らく、私が外出している日に、ストッパーがかかっているにもかかわらず、このドアーは必ず開くはずだと、最後まで果敢に挑戦して、爪をはがしてしまったらしい。ネコは、敵に弱みを絶対見せない習性がある。だから私の前では一切爪はがしのそぶりは見せなかったのだ。そのあくなき挑戦欲に感心し、敬意を払う、私でありました！

その⑪　廊下グラウンド・パートⅡ

　廊下での遊びについては、前にも書いた。その後もニャニャミは好んで廊下で遊んだ。私もボール遊びにつき合った。ニャニャミは飽きずにボール遊びに興じた。廊下の端から端まで広く使って、ニャニャミは走り回った。ある時はスズメを捕まえたり、セミとたわむれたり、ハトを餌食にした場合もあった。ただ、カミナリは苦手だった。カミナリの音がすると、一目散に我が家へ戻り、ベッドの下に潜り込んだ。ネコは病に掛かると、一番安全で安心出来る場所で養生し、

病を癒す。ニャニャミの場合は、それがベッドの下であると自覚し、覚悟する私であった。

その⑫　可愛いボディービルダー

ニャニャミは本当にカワユイ息子であった。それ故私はニャニャミをながめて、ワンオクターブ声を上げてほめそやした。ニャニャミには、自分が可愛いとほめられているのが解っていたようだ。その証拠に、私が彼をほめそやすと、それに答えて精一杯カワユイポーズを取る。その仕草が、前足をそれらしく伸ばして「パパどう？　僕可愛いでしょー！」ってな具合なのだが、私には余り可愛くは見えない。まるでボディービルダーが、自分の筋肉を誇示するあのポーズのように見えるからである。それでもニャニャミにとっては精一杯パパに見せびらかす自慢のポーズなのだからしょうがない。今日も又自慢の息子に自慢のポーズをさせて苦笑する私であった。

二十九、本の出版と晩年のニャニャミ

二〇一四年はハードに仕事をさせられた。それだけ収入は増えたのと反比例して、自由時間が減少し、結果的にお金が貯まった。これは千載一遇のチャンスだと思い、計画を実行した。自費出版で本を出すことに決めたのだ。以前から、別の原稿で本を出す計画を立ててはいたが、うまく実現出来なかった。世の中には、無知な素人を手玉に取り、悪事を企むやからが存在することも知った。新風舎事件にも巻き込まれそうになった。何とか良心的な出版社に依頼して、ネコの

本を出版する手筈になり、話は進行して行った。しかし、……一番恐れていた事が現実化しかけていた。

二〇一五年夏頃から、ネコの本の編集作業が始まった。それと時を同じくして、ニャニャミに原因不明の食欲不振が始まった。やはり始まったのか、と私は思った。私にとって、自費出版で本を出すことは、一世一代の大事業なのだ。まさに万難を廃してでも、やり遂げねばならない大事業なのだ。お金を出す事以外に、まったく無傷で成し遂げられるなどとは考えていなかった。かけがえの無いニャニャミを取り戻す為に、結果的にニャニャヒメの命を犠牲にしてしまったように、この本を出す為に、ニャニャミの命を犠牲にしなければならないのか？　もしそうであったとしても、もはや後戻りは出来ないのだ。今、出版作業を中断して、出版を取り止めたとしても、一旦神様がスイッチを入れてしまったニャニャミの病は、もはや止めようがないのだ！　何としてでもこの本を世に出し、神様から授かったニャニャミの命を、神様にお返しするしか方法がないのだ。

二〇一五年から二〇一六年にかけての冬は、私もニャニャミも、お互いの最期の日々の名残を惜しむかのように、夜な夜な布団の中で抱き合って寝、親子の触れ合いを十二分に堪能した。暖かくなってから、廊下に出してやると、いち早く私の膝の上に飛び乗ってブラッシングをせがみ、私もそれに答えて、時を忘れて愛し合った。だが、病は確実に進行し、ニャニャミはベッドの下に潜り込むことが多くなった。仕事から帰るとすぐに、ベッドのマットレスを引きはがし、ニャニャミの無事を確かめ、廊下にひきずり出して時を過ごすことが多くなった。今までは廊下の端、

外階段の近くまでイスを出し、遊んでいたが、この頃には家の前の手近な廊下にイスを置いていた。九月になると、いよいよ状況が切迫して来たので、病院で血液検査をしたところ、白血病を発症していることが、判明した。

ニャニャミは、二〇一六年九月六日午前十一時三十分過ぎに、神から与えられた私の息子としての役割を終え、永眠した。七年六ヶ月の命であった。そのうち、我が家での滞在は、二〇〇九年六月九日火曜日から、二〇一六年九月六日火曜日までの、七年三ヶ月、二六四七日であった。

ニャニャミの遺骸は一旦冷凍庫に収容して、夜な夜な添い寝して、最後の別れを惜しんだ。

九月二十四日朝、夜勤を終えて我が家に戻り、かつての遊び場であった廊下にテーブルを出し、祭壇をしつらえた。ネコソファーに遺体を横たえ、花とロウソクと線香で周りを飾り、近所の人に線香を手向けて頂いた。

午後二時に、ニャニャヒメを葬った同じお寺でお経をあげて貰い、仏式の葬儀をして頂いた。その後、生駒山の中腹の焼き場へと向かった。夕方焼き場に到着し、祭壇で今度はキリスト教式の儀礼を行なった。

まず、旧約聖書サムエル記下第十八章三十三節を朗読。「王はひじょうに悲しみ、門の上のへやに上って泣いた。彼は行きながらこのように言った、『わが子アブサロムよ、わが子、わが子、わが子アブサロムよ。ああ、わたしが代って死ねばよかったのに。アブサロム、わが子よ、我が子よ』」

それから讃美歌を唄った。

Amazing Grace, how sweet the sound,
That saved a wretch, like me.
I once was lost, but now I'm found,
Was blind but now I see, Amen.
驚くべき神の恩寵、何て素晴らしい響きなんだ！
こんな卑劣な私さえも救い賜う
私はかつて神を見失っていたが、今発見した。
かつては見えなかったが、今ははっきり見える
しかり！　アーメン。

そしてお祈りした。「全ての生き物の命を司る偉大なる神よ！　私子子子子子子に最愛の息子ニャニャミを授けて頂きまして、ありがとうございました。今そのニャニャミは、この世での役割を終え、御許へ帰ります。願わくば、ニャニャミがかの国でも、その幸せな暮らしを送ることが出来、私の行く末を見守り、何時の日にか再び会う事が出来ますように、あなたのお力添えを頂きますようお願い致します。さあ、ニャニャミ、行ってらっしゃい、ボン・ヴォヤージュ！」

葬儀にかかった費用は二万八千二百八十三円・ニャニャミとした。

　神様の元へ送ったニャニャミの肉体の残りの骨を拾い、骨壷に納めた。家に帰り、いつもの所定の位置、僕の枕元の左上方に隣り合わせた棚の上に、ニャニャヒメと隣り合わせた場所に骨壷を安置した。しばらくは、ここで、ニャニャヒメ・ニャニャナ・ニャニャトの遺骨と共に暮らす

のだ。いずれ、クロロ・シロロ、そして私の遺骨が加わる。それらの遺骨を混ぜ合わせ、散骨してもらった時、我らカマトト家の物語が完結するのである。